山の観天望気

雲が教えてくれる山の天気

猪熊隆之
海保芽生

ヤマケイ新書

目次

1章　観天望気の基本　7

観天望気とは ………… 8
雲の種類 ………… 10
上層雲 ………… 12
中層雲 ………… 14
下層雲 ………… 16
対流雲 ………… 18
雲ができる仕組み ………… 20
平地と山で天気が違う理由 ………… 24
晴れている日の雲 ～山谷風～ ………… 26
風と風がぶつかると雲ができる? ………… 28

風上側の空を見よう！ …… 32
晴れ巻雲と雨巻雲 …… 34
天気が崩れるサインを読み取ろう（温暖前線編） …… 36
コラム 日本唯一の山岳気象専門会社「ヤマテン」 …… 39
天気が崩れるサインを読み取ろう（寒冷前線編） …… 40
コラム 飛行機から見る山の雲 その1 …… 43
やる気のある雲・ない雲 …… 44
四季の天気（春／3～5月） …… 46
四季の天気（夏／6～8月） …… 48
四季の天気（秋／9～11月） …… 50
四季の天気（冬／12～2月） …… 52
コラム 飛行機から見る山の雲 その2 …… 54

2章　悪天を知らせる雲とさまざまな現象　55

強風を知らせてくれる雲（笠雲と吊るし雲）……56
強風を知らせてくれる雲（レンズ雲と旗雲）……58
積乱雲の一生……60
梅雨前線と雲　その1……64
梅雨前線と雲　その2……66
梅雨前線と雲　その3……68
線状降水帯による雲……70
乳房雲とアスペリタス……72
疑似好天を見極めよう　その1……74
疑似好天を見極めよう　その2……76
低気圧が山の南側を通過するとき……78
低気圧が山の北側を通過するとき……82
すじ雲が曲がるのはなぜ？……84
尾流雲とちぎれ雲……86
上下の温暖差が大きいときにできる雲……88

波状雲 …… 92
雲海 …… 94
ジェット気流による雲 …… 98
日本海の雪雲 …… 100
滝雲 …… 104
光学現象 …… 106
富士山で見られる雲　～笠雲と吊るし雲～ …… 114
天気の指標となる山 その1　～八ヶ岳～ …… 118
天気の指標となる山 その2　～谷川岳～ …… 124
高気圧の位置と天気の関係 ～丹沢山塊～ …… 126
コラム　珍しい波状雲「フラクタス」 …… 130

3章　気象のリスクから身を守る　131

落雷と強雨から身を守るために その1
～天気図から予想する方法～ …… 132
落雷と強雨から身を守るために その2
～雲と風から予想する方法～ …… 136

カバー、フォーマットデザイン
尾崎行欧、宮岡瑞樹
（尾崎行欧デザイン事務所）

DTP、図版制作
千秋社

本文
猪熊隆之
海保芽生

編集
大関直樹

カバーイラスト
酒井真織

本編イラスト
酒井真織
小坂タイチ

写真
猪熊隆之
PIXTA

校正
戸羽一郎

観天望気の基本

章

観天望気とは

雲を見たり、風を感じたり、
人間の五感を使って、
今後の天気を予想することを「観天望気」といいます。
観天望気は古くから行なわれてきた天気予報の一つで、
農業は天気に大きく左右されることから、
その土地ごとにさまざまな天気に関することわざも
言い伝えられてきました。

山は観天望気に最適な舞台

山は空や雲を見るのに最高のフィールドです。平地からは下から見上げる形になるので、雲の底の部分しか見えませんし、山の反対側にある雲を見ることもできません。それに対し、山の上では雲を立体的に見られるほか、上昇気流や下降気流によって雲ができたり、消えたりする様子がよくわかります。ほかにも湿った空気が入ってくる様子や、山を挟んだ両側の天気の違いを観察することもできます。

山で空を眺めることは、天候の急変など登山におけるリスクを回避する意味でも重要です。予報が外れて天候が急変するときに気象遭難は起こります。そのようなとき、レンズ雲や入道雲などが天候悪化の前兆として私たちにサインを送ってくれるのです。また、雲は目に見えない空気の状態を語ってくれます。雲を知ることで、空気の気持ちがわかってくると観天望気が楽しくなってきます。登山の気象リスクを減らすためだけでなく、空を見上げて雲を知る楽しみも同時に味わってみましょう。

雲の種類

雲はいろいろな形をしており、ひとつとして同じものはありません。したがって、雲を分けようと思えば無数に分けられます。しかし、それでは気象を解説するうえで煩雑になってしまうので、高さや形によって国際的に10種類に分けられており、これを「十種雲形（じゅっしゅうんけい）」と呼びます。10種類の雲は、雲ができる高さによって、さらに「上層雲（じょうそううん）」「中層雲（ちゅうそううん）」「下層雲（かそううん）」「対流雲（たいりゅううん）」に分けられます。この4種に関しては別途解説しますが、まずは十種雲形と雲の名前について知ることから始めてみましょう。

10種類の雲は、「巻」「層」「積」「乱」「高」の漢字5種類の組み合わせでできていて、それぞれに意味があります。右のイラストと照らし合わせながら、雲の名前を覚えてみましょう。

「巻」… すじ状・羽のような形。高度7000 m以上の高い雲
「層」… 滑らかに、一様に広がる雲
「積」… 積み重なり、もこもことしたかたまり状の雲
「乱」… 雨を降らせる雲
「高」… 高度2000～7000 mの中層にできる雲

① **巻雲**（すじ雲、はね雲）…「巻」が漢字がつく雲のなかでも最も高いところにある雲
② **巻積雲**（うろこ雲、いわし雲）… 小さな白いかたまりが幾重にも続く美しい雲
③ **巻層雲**（うす雲）… 空の広い範囲に薄く広がる雲
④ **高層雲**（おぼろ雲）… 空全体を覆う薄暗い雲
⑤ **乱層雲**（雨雲、雪雲）… 雨や雪を降らせる代表的な雲
⑥ **高積雲**（ひつじ雲、むら雲）… 巻積雲に似るが、ひとつひとつの雲が大きい
⑦ **層積雲**（うね雲、くもり雲）… 暗い大きなかたまり状の雲
⑧ **積乱雲**（入道雲、雷雲、かなとこ雲）… 激しい雨や落雷を引き起こす危険な雲
⑨ **層雲**（きり雲）… 最も低い位置にできる雲で霧をもたらす
⑩ **積雲**（わた雲）… 地面が強く熱せられたときに上昇気流が起きて生じる綿状の雲

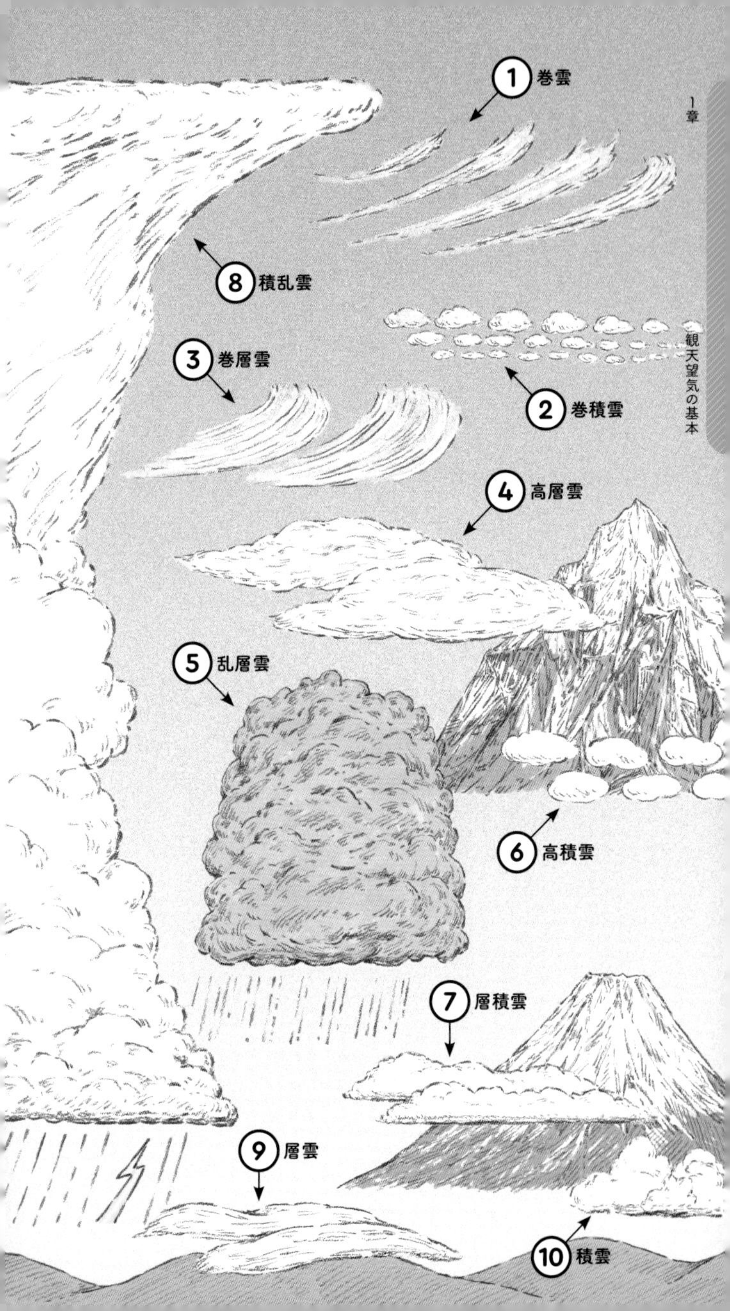
1 巻雲
8 積乱雲
2 巻積雲
3 巻層雲
4 高層雲
5 乱層雲
6 高積雲
7 層積雲
9 層雲
10 積雲

上層雲

上層雲に分別されるのは、すじ雲(巻雲)、うす雲(巻層雲)、うろこ雲(巻積雲)の3つです。上層雲は地上から約5〜13㎞の高さに現われます。雲は水滴でできている水雲と氷の結晶でできている氷雲、両方が混じっている混合雲がありますが、上層雲は非常に高い高度にあるので、ほとんどが氷雲です。

すじ雲（巻雲）

写真1　すじ雲

すじ雲は上層雲の中でも最も高いところに現われ、繊維状にちらばった白い雲です。上空の空気の状態によって羽毛状、かぎ状、直線状になり、天気が崩れるときの雲と天気に影響のない雲とがあります。見極める方法はP34で紹介します。

うす雲（巻層雲）

写真2　うす雲

薄いベールで覆われたように見える雲で、空の広い範囲に現われることが多いです。この雲が太陽や月を覆うと、その周りに暈（かさ）がかかることがあります。うす雲が西の空から広がり、P14のおぼろ雲（高層雲（こうそううん））に変わると、天気が崩れやすくなります。

うろこ雲（巻積雲、いわし雲）

写真3　うろこ雲

魚のうろこのような白いかたまり状の雲で、秋の空でよく見られます。気流が乱れているときにできる雲です（P98参照）。P14のひつじ雲（高積雲（こうせきうん））と似ていますが、空に向かって人さし指を立てたときに、ひとつひとつの雲が人さし指の幅に隠れるときはうろこ雲、はみ出てしまうときはひつじ雲です。

中層雲

中層雲に分別されるのは、ひつじ雲(高積雲)、おぼろ雲(高層雲)、雨雲・雪雲(乱層雲)の3つ。高度約2〜7kmに現われます。上層雲と異なり、混合雲と水雲からできています。

ひつじ雲(高積雲)

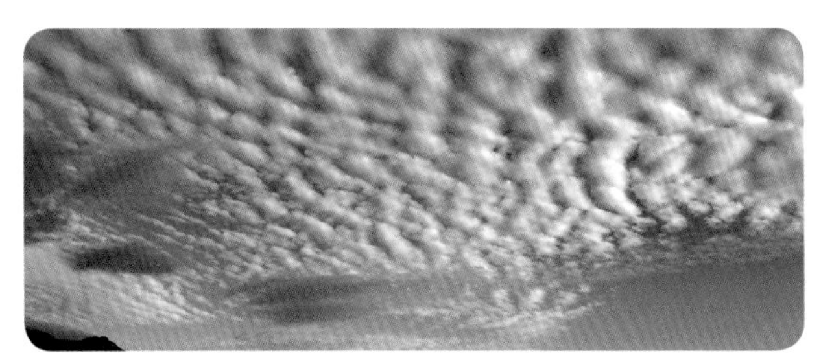

写真1　ひつじ雲

うろこ雲よりもひとつひとつの雲のかたまりが大きく、雲底の高度が低くなり、雲の一部が灰色になることもあります。夕焼けに照らされると非常に美しくなる美人雲です。空全体に広がっておぼろ雲に変わると天気が崩れやすくなります。

おぼろ雲(高層雲)

写真2　おぼろ雲

「曇り空」から連想される代表的な雲がおぼろ雲です。空全体を覆う灰色の雲で、写真2のように太陽や月が透けておぼろげに見えることもあるため、おぼろ雲と呼ばれています。

うす雲が西の空からおぼろ雲に変わるようなときは、数時間後に雨になることが多いです。また、雲が厚みを増してくると、太陽が完全に見えなくなり、標高の高い山では雨が降りだすこともあります。

雨雲・雪雲（乱層雲）

写真3 雨雲・雪雲

全天を覆う暗い灰色の雲で、入道雲（にゅうどうぐも）（雄大積雲）や雷雲（積乱雲）による降水と異なり、しとしとと長時間、雨や雪を降らせるのが特徴です。雲の底の厚みは2㎞程度で、発達した雲になると雲の天頂は6〜7㎞に達します。

雲の底の色が暗いほど強い雨が降り、雨や雪が降る直前には、ちぎれた低い雲が現われる場合もあります（P87参照）。おぼろ雲が出現した後に現われることが多いですが、高い山では霧に包まれておぼろ雲から雨雲への変化がわからないことも多いです。温暖前線の前面や低気圧の東側、北側に現われます。

下層雲

下層雲に分別されるのは、うね雲（層積雲）ときり雲（層雲）の2つです。高度約2㎞以下の地面や海水面に近いところに現われます。下層雲のみ現われる場合は、標高2500ｍ以上の山では雲海の広がる好天となります。中層雲と同じく、水雲と混合雲からできています。

うね雲（層積雲）

写真1 うね雲

ひとつひとつの雲のかたまりが大きく、畑の畝のように細長い形をしているため、うね雲と呼ばれます。高度約1～2㎞に冷たい空気があり、海からの湿った空気が入るときにできる雲で、雲と雲の間から中層雲が広がるときは、この雲の下ではどんよりとした曇りとなり天気が崩れることが多くなります。一方、雲頂高度が約2㎞以下の薄い雲であることがほとんどなので、雲と雲の間に青空がのぞくときは、標高2000 m以上の山岳では雲海の上となり晴れています。また、雲が山を越えられないので、山脈の反対側では晴天となります。

関東や山陰地方では北東からの湿った風が吹くときに出現する傾向があります。また、西日本では冬型の気圧配置のときにもよく現われます。

きり雲（層雲）

層雲は、雨あがりに山の斜面や麓（ふもと）によく現われる雲で、雲の中でもっとも低い高度に現われます。秋から冬にかけて、盆地を白く覆う霧も層雲の一種です（霧とは、一般的に雲が地面に接したときの総称です）。霧の発生要因は大きく分けて5つありますが、山では滑昇霧（かっしょうぎり）と呼ばれる、水蒸気を含んだ空気が山の斜面を上昇することで発生する場合が多いです。また、山では層雲だけでなく、ほかの雲でも霧になるので、きり雲かどうかを見分けることが難しい場合があります。

写真2　きり雲

対流雲

対流雲は、わた雲(積雲)と雷雲(積乱雲または発達した入道雲)の2種類です。十種雲形ではこの2種類ですが、わた雲と入道雲（雄大積雲）を分けることもあります。これらの雲は地表面に近いところで発生し、垂直方向に成長していきます。垂直方向へ成長することを、本著では「雲がやる気を出す」と表現します。それほどやる気のない雲をわた雲、やる気を出した雲を入道雲、すごくやる気を出した雲を雷雲と呼びます。雷雲は発達したものになると高度約13㎞にも達します。わた雲と入道雲は水雲と混合雲ですが、雷雲の上部は氷雲でできています。

わた雲(積雲)

写真1　わた雲(手前)と入道雲

白い綿が空に浮かんでいるように見える雲です。地面が強く熱せられ、温まった空気が上昇することによってできます。大気が安定しているときはやる気を出せず、すぐに消えてしまいますが、大気が不安定なときはやる気を出して上方へ成長し、入道雲に変化します。

雷雲（積乱雲）

写真2 雷雲

大気の状態が不安定なときに、入道雲がさらにやる気を出した雲です。雲の上部は氷点下の高度に達し、氷の粒ができています。もっとも発達した雷雲は、その形が金属加工に使われる金床（かなとこ）という器具に似ていることから、かなとこ雲と呼ばれます。雷雨や大雨、突風、雹（ひょう）、大雪などをもたらす危険な雲です。積乱雲は夏だけでなく、冬の日本海側でもよく見られ、大雪や落雷、突風をもたらすことがあります。

雲ができる仕組み

雲ができると天気は崩れていきますが、雲はどのようにできるのでしょうか。観天望気に重要な雲のメカニズムについて知ることで、空を見ることがより楽しくなります。

雲ができる条件

❶ 空気中に水蒸気があること
❷ 空気が冷えること
（主に上昇気流が発生する）

水蒸気をたくさん含んだ空気が上昇し、上昇した空気が冷えていくことで、その中にある水蒸気が水滴や氷の粒になり、雲ができる

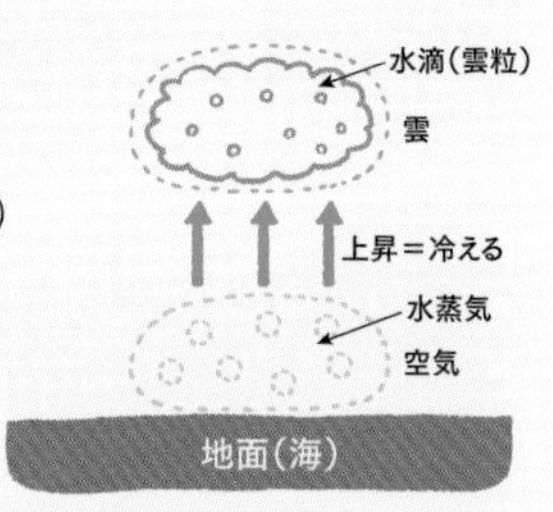

図1　雲ができる仕組み

雲が発生しやすいのはどんなところでしょうか。2つのポイントを詳しく見ていきます。

1．水蒸気がたくさん存在する

◆日本の夏の気候のように、気温と湿度が高い環境
◆海の上

2．上昇気流が起きやすい

◆低気圧、台風の中心付近とその周辺（水平規模＝数百〜数千キロメートル）
◆前線とその周辺（水平規模＝数千キロメートル）
◆日射の当たるところ（水平規模＝数十〜数百メートル）

◆風と風がぶつかるところ（水平規模＝数〜数十キロメートル）
◆山の斜面（水平規模＝数十〜数百メートル）

上昇気流は、主にこれら5つの場所で発生します。つまり、天気が崩れるのは、このような条件が生じて、なおかつ水蒸気が多くなるときです。それでは、上昇気流が起きる5つのパターンで、どのような雲ができるのかを注目してみましょう。

A. 低気圧、台風の中心付近とその周辺

台風や低気圧の中心付近では周囲から風が集まって上昇気流が発生します。台風や発達した低気圧では雲が渦状に取り巻いているのが特徴です。このときに見られる雲は、台風の中心付近や低気圧の南側では発達した入道雲（雷雲、積乱雲）、低気圧の北側には雨雲（乱層雲）が広がることが多いです。

写真1　台風を取り巻く発達した積乱雲

B. 前線とその周辺

前線付近では温かい空気が冷たい空気の上に乗り上げることで上昇気流が生まれます。前線の種類や前線との位置関係で見られる雲が異なります。

写真2 寒冷前線に伴う雲が接近中

C. 日射の当たるところ

山の南斜面や盆地の中など、日射によって周囲より気温が高くなる場所では、温められた空気は周囲の空気より軽くなるので上昇していき、雲ができることがあります。青空にポッカリと浮かんでいるわた雲はそのような雲です。

写真3 日射で温められてできたわた雲

D. 風と風がぶつかるところ

風と風がぶつかるところでは上昇気流が発生します。この事例についてはP28でさらに詳しく解説します。

写真4 風と風がぶつかることで発生した雲

E. 山の斜面

山の斜面では、上昇気流が起きて雲が発生しやすくなります。

写真5 飛驒側からの上昇気流で雲が発生する様子（飛驒乗越）

A～Eの中で、もっとも天気予報が外れやすいのは、Eの山の斜面で上昇気流が発生して雲ができる場合です。詳しくはP24の「平地と山で天気が違う理由」で説明します。

平地と山で天気が違う理由

　山麓の登山口では晴れていたのに、山の上に行くと、天気がわるくなったという経験をした人は多いでしょう。平地では、低気圧や前線が近づいてくるときに天気が崩れますが、山では低気圧や前線が近くになくても崩れることがあります。それは、山の地形には凹凸があって上昇気流が起きやすいためです。

山で雲が発生する理由

　山がある場合とない場合では、風の吹き方が異なります。山がある場合、風が吹くと、風によって流された空気は山の斜面に沿って上昇するので、雲が発生します。一方、風がある程度強いと、山を越えた空気は反対側に吹き下ろします。空気は下降すると、温度が上昇して乾燥するので、雲は蒸発して消えていきます。

　つまり、上昇気流は山の風上側と山頂付近で発生し、風下側

●山がない場合

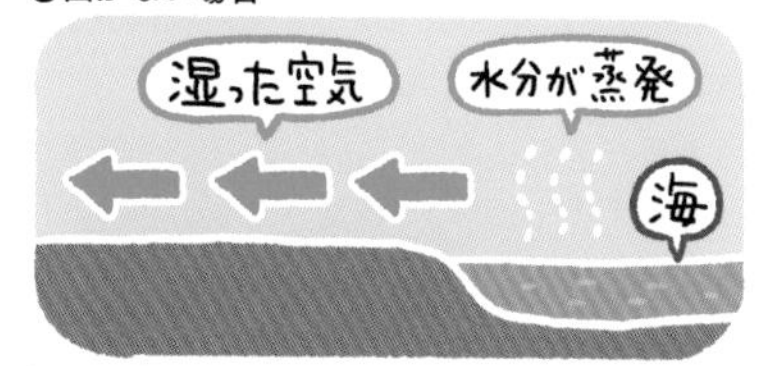

山がなければ風は上昇することなく、右から左に吹き抜ける

●山がある場合

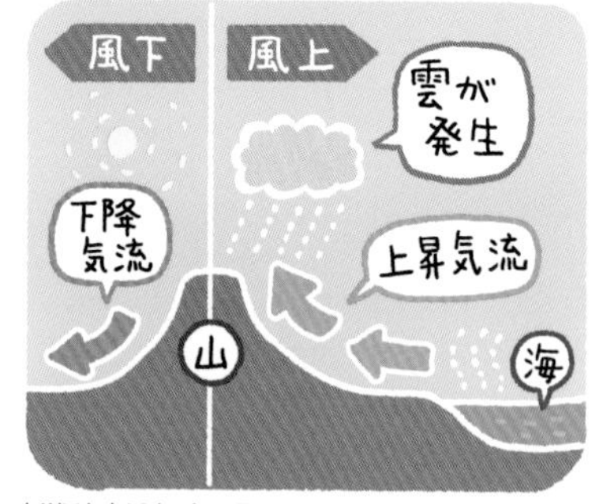

山があると、右から左に吹いた風は山の斜面に沿って上昇し、そこで上昇気流が発生する。一方、山を越えると風は斜面に沿って下っていき、下降気流が発生する

図1　山がある場合とない場合

は下降気流になります。したがって、山の風上側や山頂では雲ができやすくなり、風下側では天気がよくなります。

気象遭難が発生しやすいのは、平地では晴れているのに、山の上では大荒れのとき。そのようなときは大抵、海側から強風が吹いており、海上の湿った空気が山に運ばれて上昇するため、山の上や風上側で雲ができて天気が崩れるのです。

平地と山の上で天候が違うかどうかは、

❶海側から風が吹いているか
❷風が強くて横なぐりの雨や雪になっているか

この2点を確認することが重要です。❶は現場で雲の動きなどから風向きを確認しましょう。海から湿った風が吹いてくるようなときは、山の上で天気が崩れる可能性があります。❷は登山前に登山当日の予想天気図から等圧線（天気図に書かれている線）の間隔を確認しましょう。線の間隔が狭ければ風が強く、広ければ風は弱くなります。とくに、線の間隔が東京～名古屋間の距離より狭いときは、低体温症や突風による転・滑落、テントの倒壊に注意が必要です。

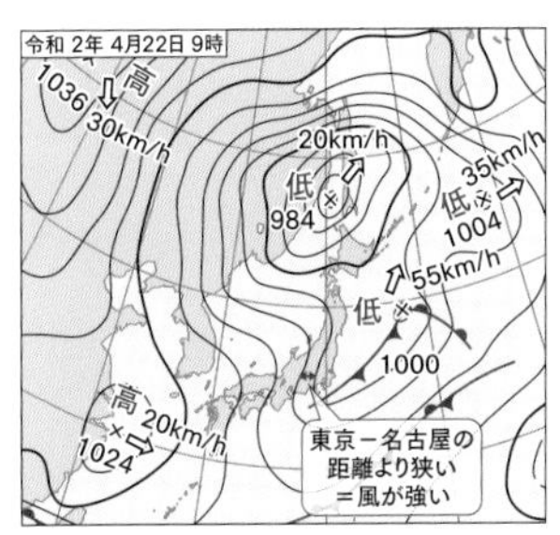

図2　等圧線の間隔が狭い天気図

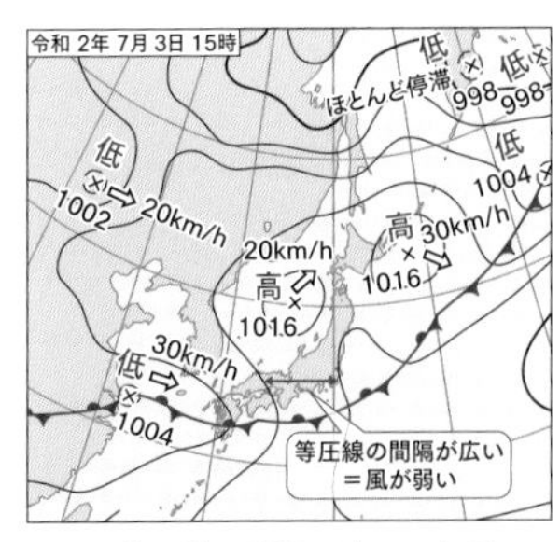

図3　等圧線の間隔が広い天気図

晴れている日の雲
～山谷風～

夏になると、平地では日差しが照りつけているのに、山の上には雲がかかることが多くなります。天気図を見ても高気圧に覆われていて、どうして雲ができるのかわかりません。このような条件でも雲ができるのは、山では「山谷風(やまたにかぜ)」という風が吹くからです。この風は、晴れた日に発生するもので、夜間から朝にかけては山風(やまかぜ)という風が山から里へと吹き下ろし、日中は谷風(たにかぜ)と呼ばれる風が里から山へと吹き上がります。平地で吹く海陸風(かいりくふう)と同じ原理で発生しますが、どうしてこのような現象が起きるのかを説明していきます。

谷風

一般に、地面は温まりやすく冷めやすいという性質があり、地面から離れた空気は温まりにくく冷めにくいという性質があります。そのため、太陽が照っているときは地面の近くの空気が地面から離れた空気よりも温まり、温まった空気は軽くなるため、山の斜面に沿って上昇し、山頂に向かって風が吹くようになります（図1参照）。この風は平地（山麓）から山へ向かって吹くので、谷風と呼びます。谷風による上昇気流で雲ができることがあります。とくに、夏は晴れていても水蒸気が多いので、谷風が吹くとすぐにわた雲が発生し、山では霧に覆われることが多くなります。このとき、雲がやる気を出す条件になると、入道雲や雷雲に発達しやすくなります。谷風は、日中、太陽高度が高くなるにつれて強まっていき、午後にピークに達します。沿岸部で午後に海風が強まるのと同じです。夕方になると弱まっていきます。

山風

一方、夜は太陽が沈み、地面から熱が逃げやすいため、地面から離れた空気よりも地面付近の空気が冷えます。地面付近の空気は重くなるので、山から平地(山麓)に下りる風が吹きます。これを山風と呼びます。この風は朝まで続きますが、谷風より弱く、谷沿いでないと感じられないことが多いです。山風が吹いている間は下降気流になるため、雲は蒸発して消えていき、星空が広がります。

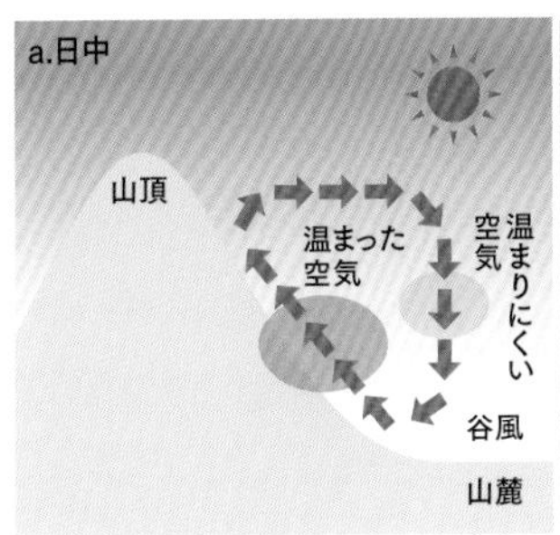

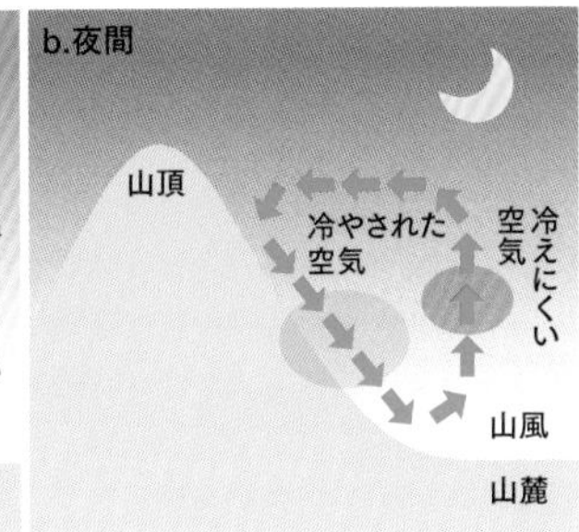

図1　山谷風の仕組み

夏山では山谷風が吹くことによって、朝は晴れていても昼前から霧が出て、夜は晴れ、という天気変化が多くなります。谷風は谷から突き上がる尾根上や、谷沿いで感じられます。上高地の河童橋(かっぱ)に立つと、昼間は焼岳方面(下流)から風が吹くのに対し、夜間や早朝は明神(みょうじん)岳方面(上流)から風が吹きます。しかし、これは高気圧に覆われて晴れているときで、風が強いときや低気圧や前線が通過するときには、山谷風は吹きません。したがって、河童橋で朝に焼岳から風が吹いたり、日中に明神岳から風が吹くときは、天気が崩れることが多くなります。

風と風がぶつかると雲ができる？

P23で、風と風がぶつかると上昇気流が発生することを説明しました。このとき、地上付近に水蒸気が多いと、その水蒸気が上昇して冷やされることによって雲ができます(図1)。

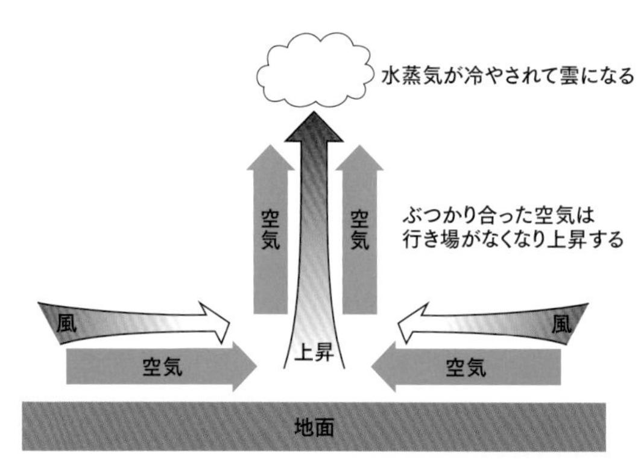

図1　風と風がぶつかって雲が発生する仕組み

風のぶつかりやすい場所

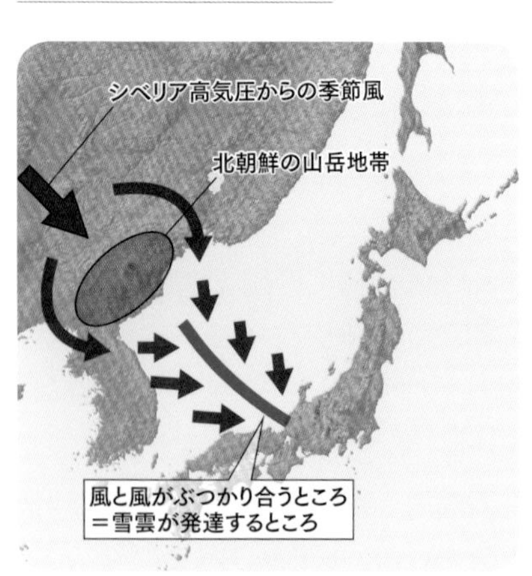

図2
冬の日本海で雪雲が発達する仕組み

それでは、どのような場所で風と風がぶつかるのでしょうか。実は、ぶつかりやすい場所というのは決まっています。たとえば、図2のように冬型の気圧配置の際、シベリア高気圧からの季節風は北朝鮮の高い山脈を越えるときに左右に分かれて迂回します(風は障害物を避ける傾向があります)。この分かれた風が日本海で合流することで風と風がぶつかることで雪雲が発達します。また、図3のように関東南部から伊豆半島にかけてよくできる「風の収束帯」(風向きと風速が急に変化する点を結んだライン)は風と風がぶつかりやすい場所です。

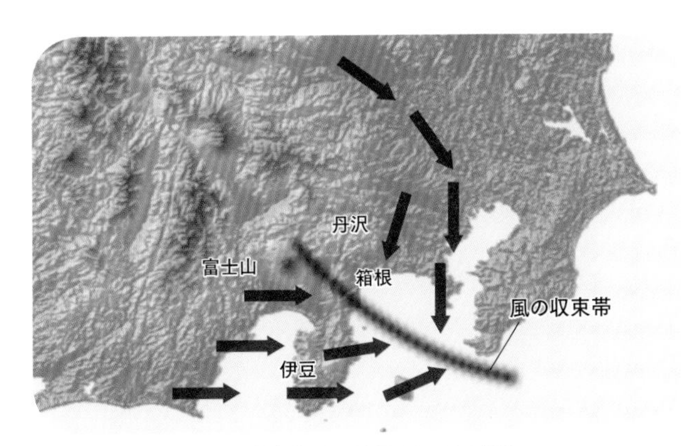

図3　関東南西部から伊豆半島付近で風と風がぶつかる場所

また、夏季においては谷風(P26参照)同士がぶつかることで上昇気流が起きることが多くなります。谷風は地面が温められる午後になると強まっていきます。そのため、午後から夕方にかけて、谷風同士がぶつかり、上昇気流ができて雲が発生しやすくなります。

写真1　谷風がぶつかったところにできる雲

谷風のぶつかりやすい場所

谷風同士がぶつかる場所に関して、もう少し詳しく見てみましょう。もっともぶつかりやすい場所は、2つの川の分水嶺（ぶんすいれい）です。とくにそれぞれの川が峠を挟んで対峙しているようなとき、風はぶつかりやすくなります。これは地図を見ることである程度想定することができます。

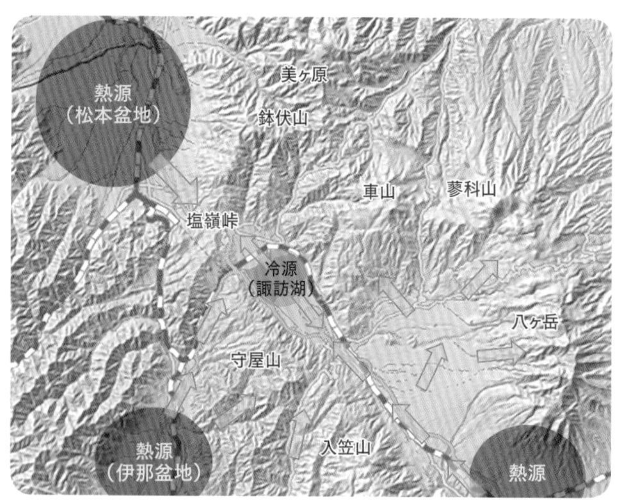

図4　諏訪盆地付近の谷風の吹き方

図4は長野県諏訪湖周辺の風と風がぶつかる場所を示した地図です。松本盆地などで温まった空気が谷風によって南東の山のほうへ吹き寄せられていきます。一方、諏訪湖は湖なので周囲より空気は冷やされます。そこから吹きだす冷たい空気と、谷風によって北西から吹き上がる温かい空気がぶつかる塩嶺峠付近は上昇気流が発生して雲が発達しやすく、雷の多発地帯となっています。

また、茅野市付近も北西の諏訪方面からの風と南東の小淵沢方面からの風がぶつかる場所です。写真2は、霧ヶ峰の車山から見た積乱雲です。写真右手の松本盆地から吹き寄せる風と、左手の諏訪湖から吹き出す風が、写真中央付近の塩嶺峠でぶつかり合って雲が発生し、積乱雲を発達させている様子がわかります。ここで発生した雲は、上空で風が吹いているときは、その風に流されて移動し、上空の風が弱く、大気が不安定なときは、下流側で新たな雲が発生するので、それぞれ松本盆地、諏訪湖方面へ移動します。

写真2　塩嶺峠で発生した積乱雲

風上側の空を見よう!

空は広いのでどこを見たらいいのか……と思うかもしれません。観天望気の基本は「風上側の空を見る」ことです。雲は上空の風に流されているため、風上側に発達した雲があるときは、その雲が近づいてくる可能性が高くなります。

事前に天気図から風向きを読み取っておくのもいいですが、現地でも確認できます。周囲が開けた場所では、風の向きをコンパスで読みましょう。樹林帯や谷の中など風が読めない場所では、空を見上げて雲の流れを見ると風向きがわかります。

西の空と日本海の方角を見てみよう

日本の上空は夏を除き、偏西風と呼ばれる風が、西から東へ吹いています。低気圧や高気圧が西から東へ進んでいくのもそのためです。このように、天気は西から東へ変化していくので西の方角の空を見るようにしましょう。西から雲がだんだんと広がっていくときは、天気が崩れる可能性があります。

また、日本海側の山岳では急激に天気が変化し、天気予報が外れることがあります。そのようなとき、日本海の方向から雲が接近してきます。稜線や、日本海の方向が見渡せる尾根上にいるときには、日本海(多くの山岳では西や北西側)の方向の空を頻繁に観察するようにしましょう。日本海側の山で天候が急速に悪化するときの雲の見え方についてはP74「疑似好天を見極めよう」で説明します。

写真1　西からうす雲（巻層雲）やおぼろ雲（高層雲）が広がると天候悪化の前兆

写真2　日本海から接近する積乱雲（雷雲）。天候が急激に悪化するサイン

晴れ巻雲と雨巻雲

天気が崩れていくとき、最初に現われることが多いのがすじ雲（巻雲）です。すじ雲には、天気の崩れに関係のない場合（晴れ巻雲）と天気が崩れるサインとなる場合（雨巻雲）があります。晴れ巻雲と雨巻雲の見極め方は次のとおりです。

雲の形状と向きに着目！

	雲の形	雲の動き
晴れ巻雲	乾いた（薄い）感じ、すじ状（写真1） 大きく広がることなく次第に消散	北西〜南東 西〜東
雨巻雲	湿った（濃い）感じ（写真2） フック（かぎ型）または、エビの尻尾のように曲がる 空の広い範囲に広がる	南西〜北東

雲の形は、写真1〜3のとおりですが、雲の動きというのは、雲がどの方角に流れていくかということです。「北西〜南東」なら、雲が北西から南東へと流れていくことを意味します。すじ雲は、上空1万mを超える高い場所に浮かんでいるので、その高さの風によって流れていきます。日本の上空には、偏西風という西風が吹いているので、通常、雲は西から東へと流れていきます。しかしながら、気圧の谷が接近してくるときは、偏西風が蛇行して南西から北東方向に雲が流れていくことが多くなります。逆に、気圧の谷が抜けていくと、北西から南東に風が吹きます。したがって、すじ雲の動きを注意深く見ていくと、その後の天気変化がわかることがあります。

天気図を併せて見てみよう

晴れ巻雲と雨巻雲の判別が難しい場合、天気図と併せて見るといいでしょう。中国大陸の東側(九州の西側)に、低気圧や前線が現われているときは、雨巻雲の確率が高いです。また、雨巻雲が現われた後に、うす雲(巻層雲)が西の空から全天を覆っていくようなときは、悪天になる可能性がかなり高くなります。その後の雲の変化にも注意しましょう。

写真1 乾いた感じの晴れ巻雲

写真2 空の広い範囲に広がる雨巻雲

写真3 雨巻雲(左上の毛羽状の雲)と晴れ巻雲(右下の薄い雲)

天気が崩れるサインを読み取ろう（温暖前線編）

天気が崩れるときは、低気圧や気圧の谷が接近することが多いです。低気圧が接近するときには次の3つのパターンがあります。

❶最初に温暖前線が通過するとき
❷温暖前線が通過せず、寒冷前線が接近するとき
❸温暖前線も寒冷前線も通過しないとき

このうち、いちばん多いパターンは❶の「最初に温暖前線が通過するとき」です。ここでは温暖前線が最初に通過するとどうして天気が崩れるかを見ていきましょう。

温暖前線のでき方

温暖前線によって天気が崩れるときは、最初にすじ雲（巻雲）、その次にうす雲（巻層雲）、またはうろこ雲（巻積雲）、次におぼろ雲（高層雲）、そして雨雲（乱層雲）という順番で雲が現れます。うろこ雲の代わりにひつじ雲（高積雲）が現れることもあります。そして、すじ雲が見えてからおよそ24～36時間

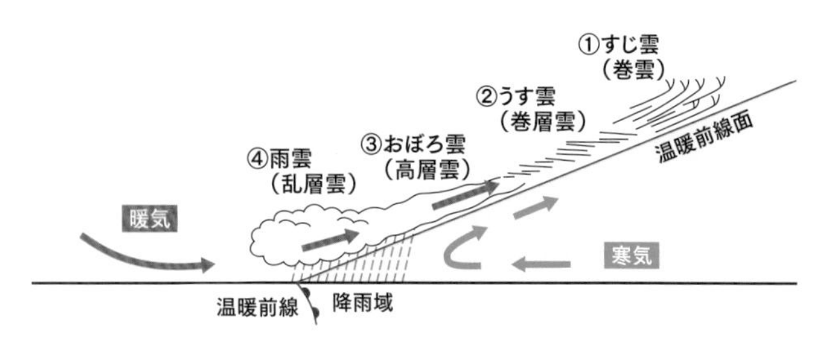

図1　温暖前線の構造

後に雨が降りだします。

このように雲が変化していくのは、温暖前線が図1のように、地表面付近にあるだけでなく、進行方向に向かって上空に延びているからです。この前線の連なりを前線面と呼びます。温暖前線による前線面は、冷たい空気があったところに温かい空気が押し寄せてきて、冷たい空気の上に乗り上げることで、その境界にできます。温かい空気が乗り上げるときに上昇気流が生まれます。

したがって、前線の近くでは地表面に近いところで上昇気流が発生し、前線から遠ざかるにつれて上空高いところで上昇気流が発生することになります。地表面に近いところほど、雲の発生に欠かせない水蒸気がたくさん含まれているので、雲は密集し、発達しやすくなります。そのため、前線の近くでは雲が厚みを増して雨雲（乱層雲）ができます。一方で、前線から遠ざかる

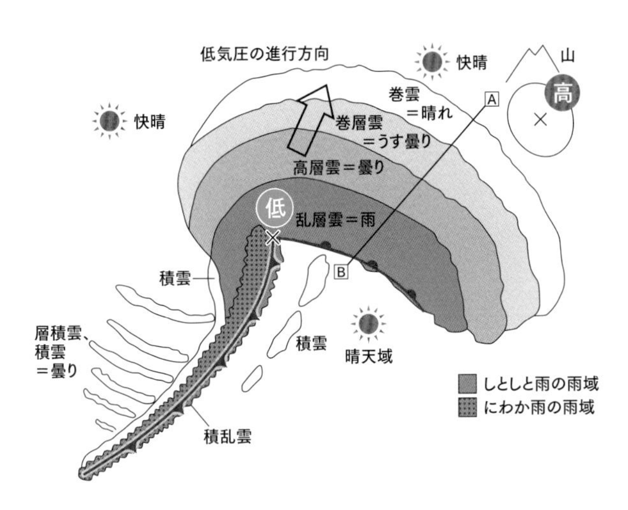

図2　温帯低気圧と前線

につれて雲は薄くなっていき、なおかつ高度も高くなっていきます。

山での雲の変化

P37の図2は低気圧と前線周辺の雲の分布図です。温暖前線が近づくときは、AからBのように天気が変化していきます。最初に①すじ雲（巻雲）が現われる→②うす雲（巻層雲）に変化してうす曇りに→③おぼろ雲（高層雲）に変わり、雲が厚みを増す→④雨雲（乱層雲）に変わり、雨や雪が降りだす、という流れになります。（P78参照）高い山ではおぼろ雲が厚みを増すと、雨や雪が降りだすことが多くなります。それぞれの雲に関してはP12～15を参照してください。

このように、雲の変化を見ていくことで、あとどのくらい天気がもつのかどうかを山の中で判断することができます。ぜひ覚えておきましょう。

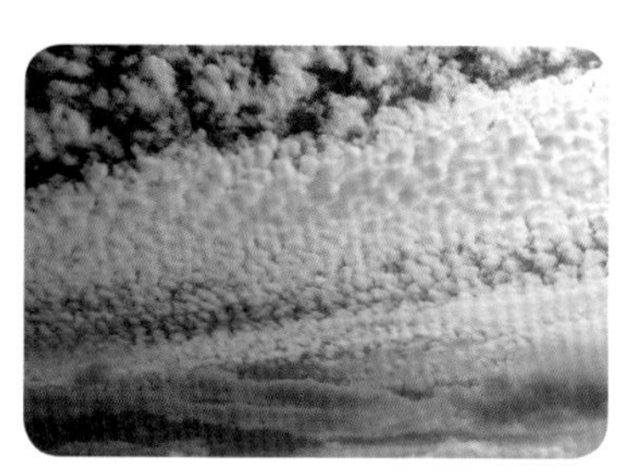

写真1　うろこ雲（巻積雲）からうす雲やおぼろ雲に変わるときは急激な天候変化に注意

写真2　おぼろ雲（高層雲）の厚みが増したら、山では雨が降りだしやすい

Column

日本唯一の山岳気象専門会社「ヤマテン」

ヤマテンは、全国18山域59山の山頂天気予報を発信する山岳気象に特化した会員制の気象予報サービスです。ほかの気象予報サービスとの最大の違いは、自動演算で全国の天気を予報するのではなく、専門の知識をもつ気象予報士が山の特徴を考慮した上で、全国の山域や山頂をピンポイントで予報する「緻密さ」にあります。

会員には、毎週木曜日に「今週末のおすすめ山域情報」がメールで配信されるほか、ゴールデンウィークやお盆などの大型連休には人気山岳にフォーカスした週間予報を配信。また、気象リスクが高い場合には「大荒れ情報」などのアラート配信も行ないます。登山計画の段階から当日まで、高精度の予報で登山者をサポートするのが特長です。

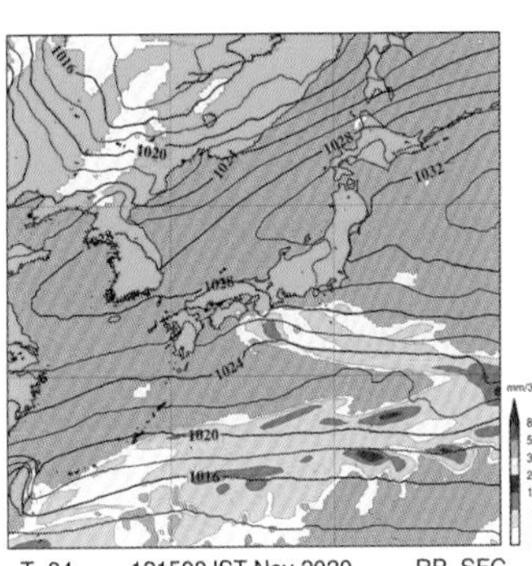

高層天気図などの専門天気図も見られるため、一般登山者のみならず、国内外で活躍する登山家や冒険家にも支持されています

山の天気予報「ヤマテン」

サービス利用料＝月額330円(税込)
https://i.yamatenki.co.jp/

天気が崩れるサインを読み取ろう（寒冷前線編）

低気圧が接近するときの2つ目のパターンは、寒冷前線（かんれいぜんせん）が通過するときです。寒冷前線が遠くにあるうちは、晴れることが多くなります（ただし、南西側から湿った空気が入る山を除く。詳しくはP82で解説します）。①最初に現われるのがすじ雲（巻雲）とわた雲（積雲）、②次に雷雲（積乱雲）が現われて天候が急激に悪化します。①と②の間にうろこ雲（巻積雲）やひつじ雲（高積雲）が出現することもあります。

写真1　昇り竜のような巻雲

写真2　レンズ雲（詳細はP58）が現われる場合もある

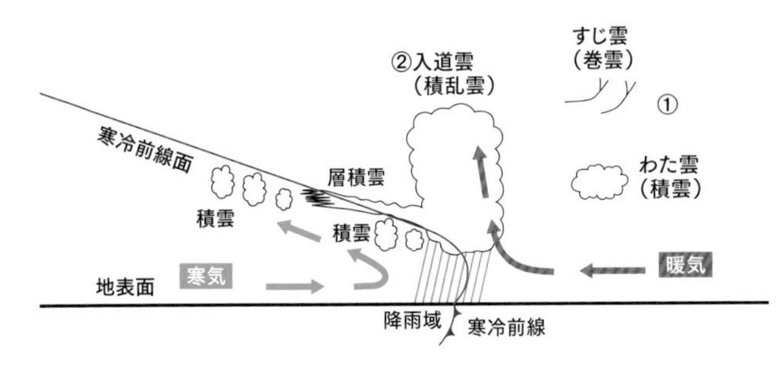

図1　寒冷前線の構造

積乱雲の発達

　このように雲が変化するのは、寒冷前線の性質によります。寒冷前線は、温かい空気があったところに冷たい空気が入ってくることで、その境界にできます。冷たい空気は温かい空気より重いので、温かい空気の下に潜り込もうとします。そのため、温かい空気は急激に持ち上げられて、雲はやる気を出し、発達した入道雲になります。入道雲の名前は、力こぶができたお坊さんに似ていることが由来で、カリフラワー状(あるいはソフトクリーム状)にもくもくと湧き上がる雲です。

　発達した入道雲を積乱雲と呼び、激しい雨や、雷、雹(ひょう)をもたらします。寒冷前線によるこれらの悪天は一時的(数十分から1時間程度)ですので、平地では落雷以外に被害が起きることがほとんどありません。しかし、登山中には落雷や沢の増水などのリスクが高まるので、寒冷前線が接近する前に、これらのリスクがある場所から離れることが大切です。また、この激しい雨の後に冷たい空気が流れ込むため、気温が急激に下がり、低体温症に陥る恐れもあります。

寒冷前線が近づくときは、温暖前線と異なり、急激に天気が崩れます。前線は多くの場合、北西側や西側（日本海の方角）から接近します。天気図などから寒冷前線が近づく可能性があるときは、これらの方角の空をこまめに観察し、かぎ状やエビのしっぽのような形のすじ雲が現われたり、遠くに帯状に連なった入道雲が見られたりしたときは、すぐに安全な場所へ避難しましょう。

写真3　かぎ状のすじ雲が見られるときは天候変化に注意

写真4　帯状に連なった入道雲。このような雲が接近するときは、すぐに避難を

Column

飛行機から見る山の雲 その1

　飛行機に乗るとき、みなさんはどの席を予約しますか。私は断然窓側です。なぜなら、飛行機では普段は見ることができない、上空高いところにある雲を真横から見られるからです。

写真1
相模湾（左）から
流れ込んできた雲

写真1は飛行機が東京湾を南下し、三浦半島に近づいたときの景色です。左が相模湾、手前が東京湾に面する横浜市南部、左手前が三浦半島です。海（左）側から湿った空気が侵入し雲が発生しています。雲は右手の内陸に入ると、空気が乾いているため蒸発していくのがわかります。

写真2
上空から見た入道雲の集合体

駿河湾上空から撮影した写真2には巨大な雲が見えます。この雲の下には何が隠れているかわかりますか。そう、富士山です。駿河湾から湿った空気が富士山に沿って上昇するとこのような雲が発生します。この雲はわた雲が成長したもので、入道雲あるいは雄大積雲と呼ばれ、さらに発達すると積乱雲になります。

やる気のある雲・ない雲

雲には「やる気のある雲」と「やる気のない雲」があります。「やる気のある雲」というのは、もくもくと上方に成長していく雲のことです。代表的なのは、夏場によく見られる入道雲です。「やる気のない雲」は、雲が上のほうに成長せず、横に広がっていく雲のことです。雲がやる気を出すと、落雷や強雨、突風などをもたらす危険な積乱雲（雷雲）になっていきます。逆にやる気を出さなければ、登山者に危険を及ぼす雲にはなりません。つまり、雲のやる気によって天候が大きく変わり、登山者のリスクも変わります。

天気が不安定なとき

「雲のやる気」を左右するのは、周囲の空気（以後、大気）が安定しているかいないかによります。大気が安定していると、雲はやる気を出せません。逆に大気が不安定なときは、雲はやる気を出して成長します。大気が安定か不安定かは、地上付近と上空との温度差によります。温度差が大きいほど不安定になり、小さければ小さいほど安定します（図1）。

夏場の晴れた日中は、地上付近が強く温められるので気温が高くなります。そのようなとき、上空に冷たい空気が入ると、大気は不安定になり、雲はやる気を出します。入道雲が発達すれば、落雷や強雨のリスクが高くなります。大気が不安定かどうかは、上空5800m付近の気温予想図を確認するのがいいですが、雲の形や変化からも知ることができます。

登山口では空を見上げて、雲を確認してから登るようにしましょう。また登山中も空が見えるところでは雲の様子を見て、やる気を出している雲を見逃さないようにするのも大切です。

写真1
上へ成長する
やる気のある雲

写真2
成長しきって
底が暗い
やる気のある雲

写真3
横に広がったやる
気のない雲

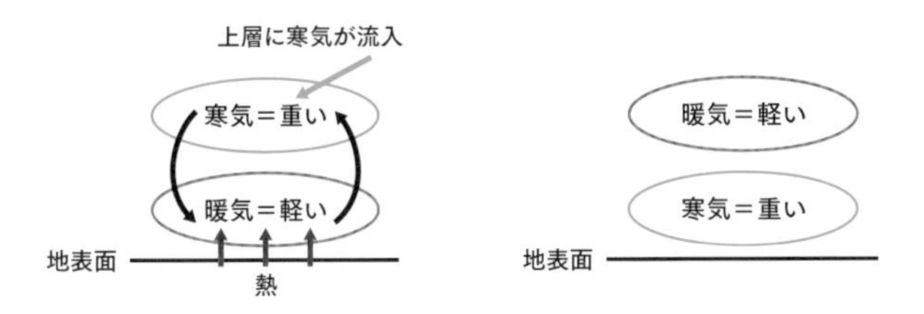

図1　不安定な状態（左）と大気が安定している状態（右）

四季の天気（春／3～5月）

「春に3日の晴れなし」ということわざがあるように、3～4月は天気の変化が早いという特徴があります。それは、上空を吹いている西風に乗って、日本付近を高気圧と低気圧が西から東へ次々と移動するためです。天気の変化が早いからこそ、雲の変化を楽しむことができます。

5月になると、高気圧が日本の東海上で発達し、低気圧が日本付近になかなか近づけないことがあります。一方、沖縄・奄美では早くも梅雨の時期に入ります。

春山で注意すべき点

春の天気は、高気圧と低気圧が交互に通過するのが特徴です。ゴールデンウィークごろには帯状の高気圧によって好天が続くこともありますが、春山の気象遭難は、ほとんどが低体温症や突風による転・滑落によるものです。これらの事故は、低気圧が発達しながら日本付近を通過するときに日本海側の山岳で発生する傾向があります。というのは、日本海側の山では低気圧が通過した後、太平洋側の山の天気が回復していくときにむしろ大荒れの天気となるためです。春山に挑むときは、以下の特徴がないかを事前にチェックしましょう。

❶低気圧が日本列島の近くを発達しながら通過していないか（中心気圧が24時間で10hPa以上下がっている）
❷低気圧が通過した後も目的の山の周辺で等圧線が込み合っていないか（P25参照）

写真1
春は霞がかかったり、黄砂によって見通しがわるくなることも

写真2
ハロやアークが出現するチャンスも多い

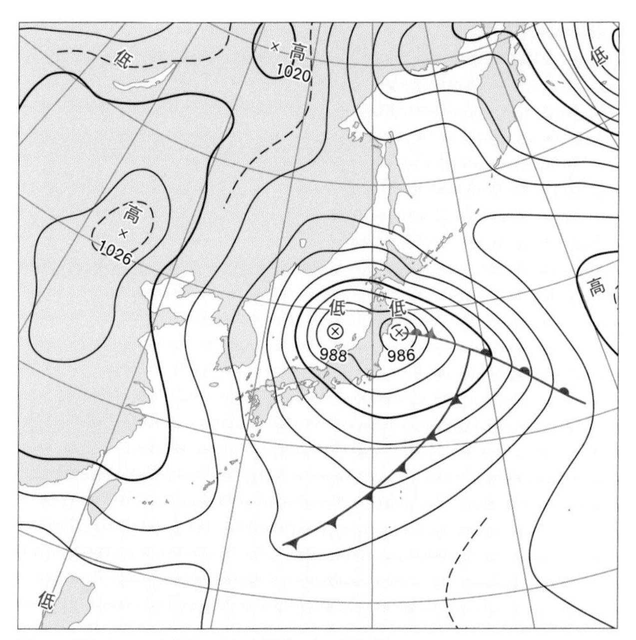

図1　低気圧が日本列島の近くを発達しながら通過

四季の天気（夏／6～8月）

6月に入ると、西日本から梅雨に入り、曇りや雨の日が多くなりますが、北日本や日本海側の山では晴れる日も多く、花や新緑が美しい季節です。7月に入ると、梅雨前線の位置が本州から九州の日本海側まで北上し、南から温かく湿った空気が流れ込むため、西日本や日本海側の地域で集中豪雨が発生しやすくなります。

その後、梅雨前線が弱まるか、北海道付近にまで北上すると、本州から南では太平洋高気圧に覆われて、梅雨明けになります。夏山シーズンの到来です。低山を除き、午前中は夏空が広がりますが、午後になると、霧に覆われることが多く、にわか雨や雷雨となる日もあります。そのため、早出早着を心がけましょう。太平洋高気圧は夏の間中、日本付近を覆うわけではなく、前線が南下してきたり、台風が接近したりすることがあります。そのようなときは、天気が崩れ、高い山では大荒れになります。

また、北海道では梅雨がないといわれてきましたが、近年は蝦夷梅雨（えぞつゆ）と呼ばれるように、本州の梅雨が明けると長期間、天候がぐずついたり、荒れた天気になることが増えています。

夏山で注意すべき点

下記のような特徴は、天気図で予想することが大切ですが、雲の変化からも読み取れます。

❶前線が南下してきていないか
❷台風や熱帯低気圧が南海上から接近していないか
❸上空に寒気が入ってきていないか

写真1
梅雨期の燃えるような夕焼け

写真2
雷雨の後に見られた三重の虹

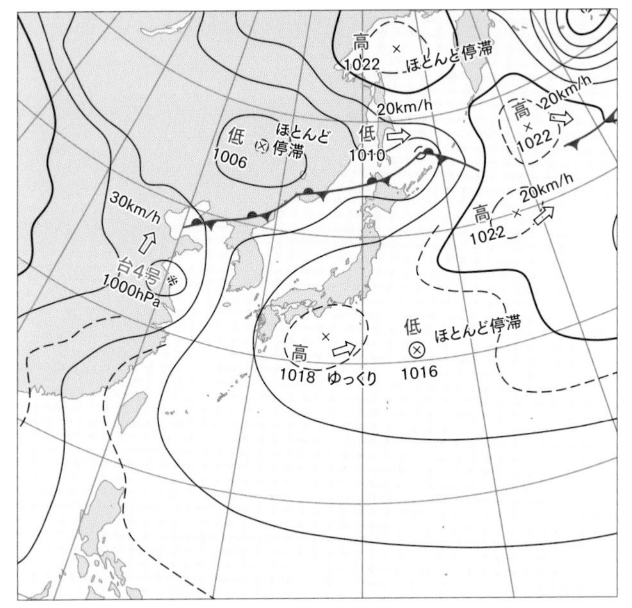

図1 太平洋高気圧に覆われた夏の天気図

四季の天気（秋／9～11月）

春の天気と同様、秋の前半と後半で気温や気圧配置はもちろん、見られる雲や空の色も変化していきます。また、近年、地球温暖化の進行に伴い、季節の進行が遅れる傾向にあります。

秋の前半は、台風と秋雨の季節。真夏に比べると、太平洋高気圧の勢力が弱くなり、偏西風が日本の近くに南下してくるため、台風が日本付近に接近しやすくなります。また、秋雨前線が停滞して、東日本を中心に長雨が続くこともあります。台風の湿った空気がこの前線に流れ込むと、太平洋側で大雨になります。

秋の後半は、帯状の高気圧に覆われて、東日本や西日本を中心に好天が続くことが多くなります。北日本では、発達した低気圧がたびたび通過することで荒れた天気になる日が多くなっていきます。

秋山で注意すべき点

季節は秋ですが、山では平地より季節が早く進みます。北海道の旭岳(あさひ)では9月の下旬に初冠雪が観測されることが多く、10月に入ると本州の標高の高い山では続々と初冠雪が観測されます。平地が秋の気候のため、軽装の登山者を見かけることもありますが、標高の高い山や、北海道の山では登山中に天候が急変した場合に備えて、冬山装備が必要です。

❶本州から九州にかけて東西に前線が停滞していないか
❷台風の接近や、台風通過後に寒気が流れ込んでいないか

写真1　秋の雲の代表格といえるうろこ雲（巻積雲）

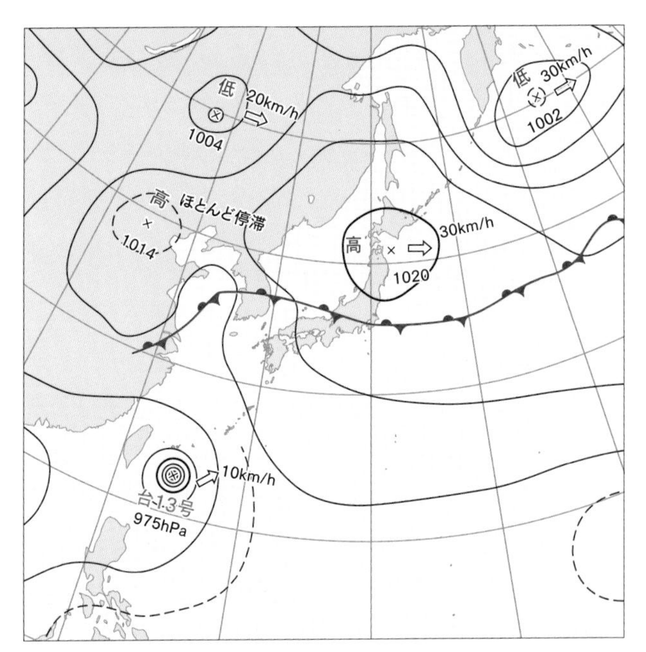

図1　東西に延びる秋雨前線の天気図

四季の天気（冬／12～2月）

冬になると、日本から見て西に高気圧、東に低気圧がある西高東低の冬型の気圧配置になり、日本海側では雨や雪、太平洋側では晴れといった天気が多くなります。太平洋側は空気が澄んで遠くの山もきれいに見えます。

八ヶ岳

日本海側は雪が多く、太平洋側は晴れが多いと前述しましたが、真ん中に位置する八ヶ岳（やつ）はどうでしょうか。八ヶ岳の天候がわるくなるのは、等圧線が東西に寝ている、西風が吹く冬型のときです。南北に連なる八ヶ岳の場合は、風が山脈にぶつかり、雲が発生しやすくなります。また、西風の場合には、北アルプスという大きな障害物がなくなり、乗鞍岳（のりくら）と御嶽山（おんたけ）の間を湿った空気が抜けてくるため、天気が崩れやすくなります。このようなとき、上空に強い寒気（500hPaで－30℃以下の寒気）が流れ込み、等圧線の間隔が狭くなって強い冬型になると、八ヶ岳の稜線では風雪が強まり、麓でも吹雪くことがあります。

冬山で注意すべき点

太平洋側では晴天率が高いですが、日本の南の海上を通過する低気圧（南岸低気圧）のときには大雪や荒れた天気になる可能性もあり注意が必要です。また、晴天が多いことで雪崩

❶冬型の気圧配置で強い寒気が流れ込んでいないか
❷南岸低気圧が接近していないか

の原因になる弱層もできやすく、降雪中や降雪後には雪崩の危険性が高くなります。八ヶ岳や中央アルプス、南アルプスでは南岸低気圧が通過するときに雪崩の事故が多発しています。

写真1 霧氷と雪化粧した山

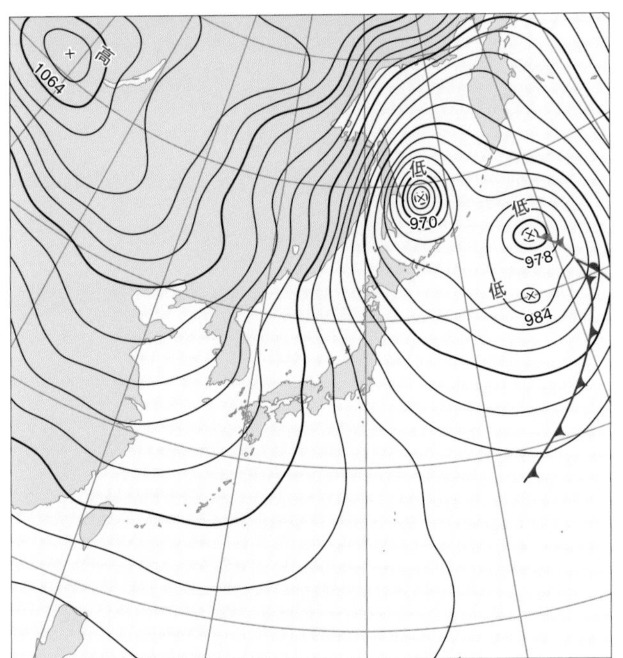

図1　西高東低が顕著な冬型の気圧配置

Column

飛行機から見る山の雲 その2

今回は紀伊半島周辺の飛行機から見た雲を紹介します。飛行機から見ると雲がどこでできるのか、山や海と雲の関係がよくわかります。ぜひ、機窓から雲を眺めてみてください。

写真1
紀伊半島で発生する雲

海上には雲がないのに、陸地のみに雲が発生しています。当日の天気図は、海から陸に向かって南寄りの風が吹き、梅雨前線が北側にありました。紀伊半島は山が海まで迫っているので海からの湿った空気が山の斜面で上昇した途端に雲ができます。海上の空気が雲になるぎりぎりまで湿っていたことが原因のようです。

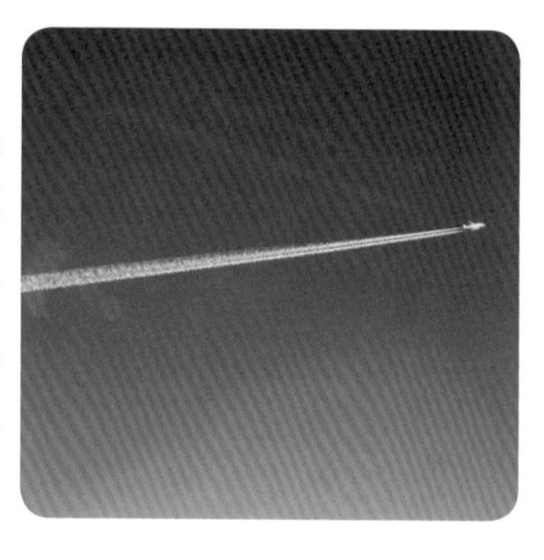

写真2 飛行機雲

写真2は機窓から見えた飛行機雲です。「飛行機雲が長く残ると天気が崩れる」と言われますが、本当でしょうか。飛行機の高度は1万m以上。この高度では空気は乾燥しており、飛行機雲も通常はすぐに蒸発します。しかし、低気圧や台風の接近など、上空が湿っていると長く残る傾向があります。ただし、梅雨や夏場は上空が湿っていることが多く、天候の悪化と関係ない場合もあります。

悪天を知らせる雲とさまざまな現象

2章

強風を知らせてくれる雲（笠雲と吊るし雲）

富士山や利尻（りしり）山など独立峰を眺めていると、頂上部分が帽子のような雲で覆われているときや、付近にUFOのような円形の雲が浮かんでいることがあります。これが笠雲と吊るし雲です。「笠雲が現われると雨が降る」というように、笠雲と吊るし雲は天候の悪化のサインです。とくに、笠雲や吊るし雲が二重、三重になるときは、大荒れの天気となることがあります。

登山前に山頂付近を見て、これらの雲がないか確認してみましょう。また、笠雲と吊るし雲が出ているとき、山麓や平地では天気が崩れず、風が弱いときがありますが、山の上では強風が吹いて天気が崩れやすいので、登山計画を見直しましょう。

笠雲・吊るし雲が発生しやすい条件

❶上空の風が強いとき
❷山頂付近の高さに湿った空気が入るとき

これらの特徴は、日本海や沿海州（えんかいしゅう）を低気圧が北東に進んでいるときにそろいやすいので、天気図で日本海に低気圧があるときは、笠雲や吊るし雲が見られる可能性が高くなります。

しかし、笠雲ができても天気が崩れないこともあります。それは、低気圧が通過した後に笠雲ができる場合です。このようなときには低気圧が遠ざかるにつれて笠雲が消えていきます。

天気図と併せて雲の変化を見ることで、天気が崩れるときと崩れないときの違いがわかります。笠雲と吊るし雲ができる仕組みについては、P114～116で紹介します。

写真1　富士山にかかる笠雲

写真2　吊るし雲（松場隼人＝写真）

強風を知らせてくれる雲（レンズ雲と旗雲）

レンズ雲は凸レンズのような形をしています。P56で紹介した笠雲と吊るし雲もレンズ雲の一種です。レンズ雲は風が強いときにできる雲で、山岳波（さんがくは）と呼ばれる、風が山にぶつかって波打つことにより、波が上昇するところで発生します。

レンズ雲が発生しやすい条件

❶上空の風が強いとき
❷上空に湿った空気が入るとき

また、上空の大気が安定していると空気中の波が風下側に伝わりやすくなり、レンズ雲ができやすくなります（図1）。

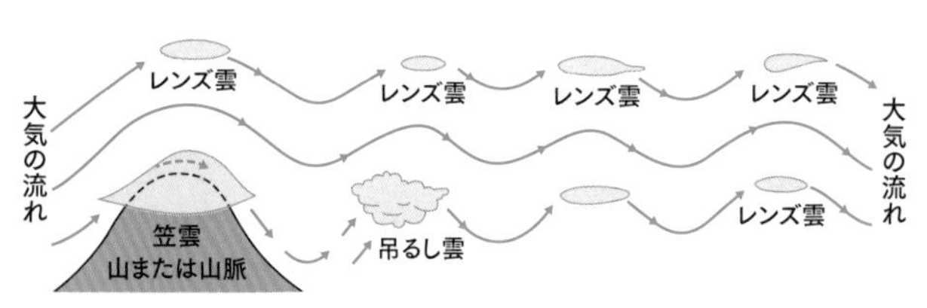

図1　山岳波の波頭にできる吊るし雲

写真1　レンズ雲

旗雲

強風を知らせる雲は、ほかにもあります。山頂から旗がなびくような形をした旗雲(はたぐも)と呼ばれる雲です。旗雲は、風が山を越えるときに、強風によって風上側の雲や雪が飛ばされて一度蒸発して水蒸気となり、周囲の低温によって冷やされて再び氷の結晶(雲)になることで発生します。また、風が非常に強まると、山にぶつかって別れた風が風下側で合流して上昇します。この気流と、山頂から吹き下ろす風によって山麓へと運ばれた空気を補うために、反流という山麓や山頂に向かう流れとが混じりあって複雑な気流となり発生することもあります(図2)。

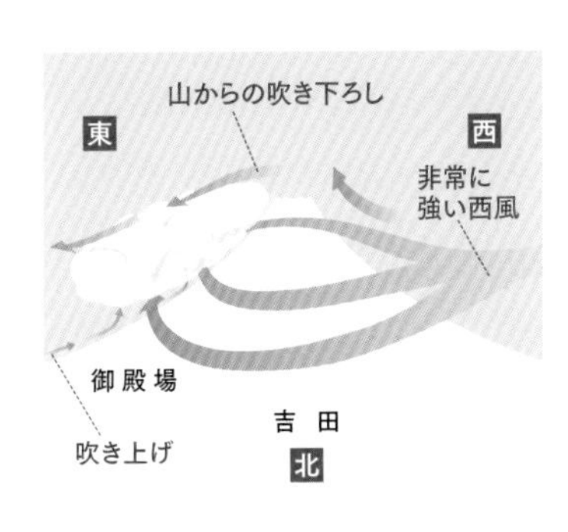

図2　富士山の旗雲の仕組み
旗雲は、単独峰でよく見られ、国内では富士山、海外ではエベレストやマッターホルンの旗雲が有名です。

写真2　富士山の旗雲
レンズ雲や旗雲が見られる場合、山の上では暴風が想定されます。強風にさらされる森林限界より上部への行動は控えるなど、登山計画を見直しましょう。

積乱雲の一生

積乱雲は、わた雲（積雲）と呼ばれる雲が「やる気」を出して上方へグングンと成長していくことで発生します。単一の積乱雲の一生は短く、発生から衰弱するまで約30分から1時間程度です。その短い生涯は発達期（赤ちゃん雲）、成熟期・最盛期（青年雲）、衰弱期（おじいさん雲）に分けられます。

発達期（赤ちゃん雲）

わた雲が生まれてから、雨や雪が降りだすまでの間を発達期と呼びます。日射や地形の影響で空気が上昇すると、わた雲が生まれます。このとき、大気が不安定で、地面付近の空気が湿っていると、雲はやる気を出して、カリフラワー状に成長し、入道雲（雄大積雲）になっていきます。この時点では雲の中は上昇流だけでできています。

写真1　斜面が温められて生まれたばかりの積雲（わた雲）

写真2　上方にもくもくと成長していく入道雲

成熟期・最盛期（青年雲）

雲の中で上昇流と下降流が共存している状態です。雲が上方へ成長していくと、雲粒同士が合体して雨粒に成長します。

また、雲がさらに成長して氷点下の高度に達すると氷の結晶ができ、氷の結晶同士がくっついて大きく成長していきます。成長した氷の粒は重いので、上昇気流に逆らって下へ落ちていくと、そこを通り道として成長した氷や雨の粒が落ちていきます。これが雲の中でできる下降流です。雨や氷が地面に達すると、地上で雨や雹が降ります。また、雲の中では氷の結晶が電子を帯びて放電が始まることがあります。雲の中と地面との間で放電が起きるのが落雷です。雲のやる気が最大値に達すると、圏界面に到達します。雲はそれ以上、上昇できないので、水平に広がっていき、かなとこ状になります。

写真3　成熟期の積乱雲

写真4　雲の最上部が水平に広がったかなとこ雲

衰弱期（おじいさん雲）

上昇流がなくなり、雲の中が下降流のみになった段階です。上昇流がなくなると、新たに雲をつくりだすことができなくなり、雲は雨や雪として落ちていくため、弱まっていき、積乱雲は消滅します。この段階では、しとしととした弱い雨が降ります。

積乱雲の世代交代

最盛期の雲の中で激しい雨が落ちてくるときに、雨は少しずつ蒸発します。降水が蒸発する際の冷却効果で重くなった空気は地面に衝突し、周囲に吹きだしていきます。このとき、ダウンバーストという突風を伴うことがあります。この冷気が周囲の温かい空気とぶつかると、暖気と冷気の間にはガストフロント(突風前線)ができます。温かい空気は軽いので冷たい空気の上を上昇し、新たな雲ができます。

こうしてできた、生まれたばかりの赤ちゃん雲から衰弱期のおじいさん雲まで、それぞれの世代が一緒に暮らしている集合体の積乱雲もあります。このような積乱雲は、同じ場所で次々と新しい雲が発達していくため、長時間にわたって激しい雷雨が続くことがあるので警戒が必要です。

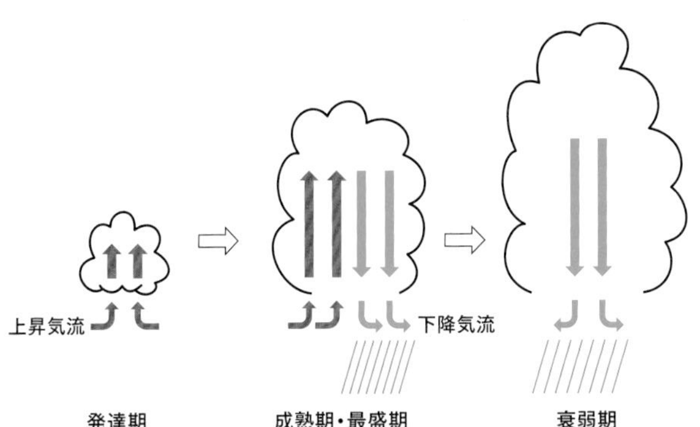

図1　積乱雲の一生

梅雨前線と雲　その1

梅雨の時期、北海道を除く本州から九州・沖縄にかけてぐずついた天気をもたらすのが梅雨前線です。この前線は、5月から7月にかけて、沖縄から東北地方へと南北に移動を繰り返しながら北上していく前線のことで、大きく分けて2つの種類に分類されます。

梅雨前線の種類

❶冷たい空気と温かい空気の間にできる前線
❷湿った空気と乾いた空気の間にできる前線

❶の梅雨前線は、前線の北側に冷たく湿った空気をもつオホーツク海高気圧があり、南側には温かく湿った空気をもつ太平洋高気圧があります。そして、太平洋高気圧が強まると前線が北上し、オホーツク海高気圧が強まると前線が南下して、この2つの勢力争いで前線の位置が動きます。

梅雨前線と雲

❶の梅雨前線で見られる雲は、温暖前線で現われる雲と似ています(図1)。梅雨前線付近とその南側では、ところどころに発達した入道雲が存在し、その下では雷を伴って激しい雨が降っています。この激しい雷雨をもたらす積乱雲は温暖前線にはない雲ですが、残りの雲の分布は温暖前線と同じです。前線の北側300～500㎞には雨雲（乱層雲）が広がり、その北側200～300㎞にはおぼろ雲(高層雲)、そのさらに北側にうす雲

（巻層雲）、すじ雲（巻雲）が現われます。

温暖前線の場合は、前線が西から東へ動いていくので、前線に伴う雲も西から東へ動いていきますが、梅雨前線の場合には南北に動くこともあります。南から北、北から南へと前線が移動を繰り返すことによって天気が変化する場合もあります。近年はこのパターンの梅雨前線が現われる頻度が少なくなっており、むしろ秋雨前線で現われることが多くなっています。

写真1　梅雨期はダイナミックに変化する雲の動きを楽しめる

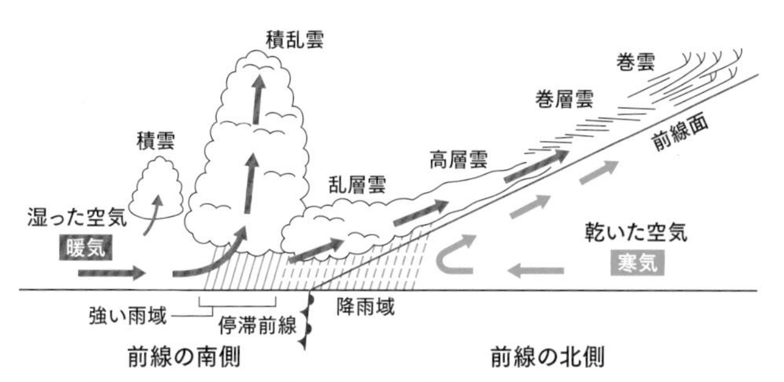

図1　冷たい空気と温かい空気の間にできる前線

梅雨前線と雲　その2

P64で解説した、西から東へ前線が動く場合の天気変化をさらに詳しく見ていきます。図1のように、梅雨前線が日本列島から離れている場合は、雨雲は南西諸島などを除いてかかりません。西から東へ前線が移動するときは、雨雲やその北側の雲も西か東へ移っていきますから、天気はあまり変化しないということになります。

前線が南海上に離れているときの、氷ノ山（ひょうせん）（鳥取・兵庫）における空の画像を見てみましょう。南側の空（写真1）は、厚い雲が広がっていて、北側の空（写真2）は、青空が広がっています。氷ノ山はちょうどその境界のうす雲のエリアです。図2のように、前線が西から東へ動いていくときには、氷ノ山の天気は崩れていかないということになります。

前線が南から北へ移動するとき

一方、図3のようにこの前線が北上してくると、氷ノ山の天気はどうなるでしょうか。前線に伴う雨雲が接近すると天気は崩れていきます。したがって、このときの氷ノ山の天気は、北側の青空が南側に広がっていくと回復していき、南側の暗い雲が北側へ広がっていくと崩れていくということになります。

夏を除き、日本列島は西から東へ天気が変化することが多いので、天気の変化を予想するには、西側の空を見ることが多いのですが、梅雨前線の場合は南北の空を比較して天気を予想することも必要です。

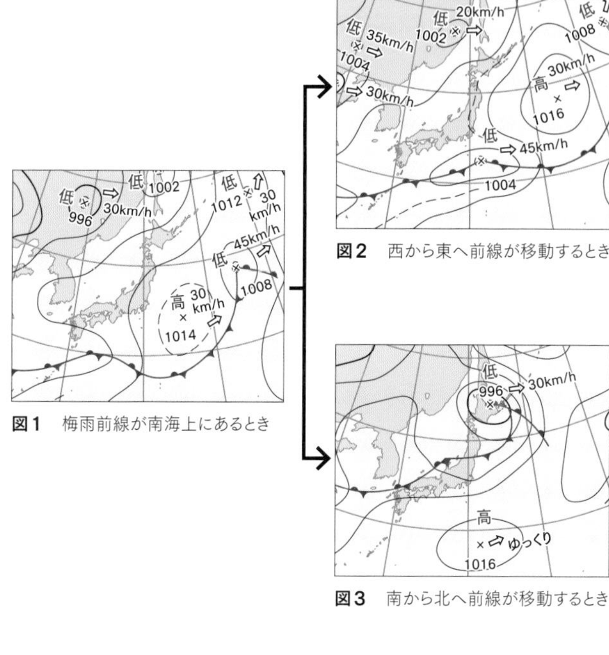

図1　梅雨前線が南海上にあるとき

図2　西から東へ前線が移動するとき

図3　南から北へ前線が移動するとき

写真1　氷ノ山から南側の空を見る

写真2　氷ノ山から北側の空を見る

梅雨前線と雲　その3

P64❷の「湿った空気と乾いた空気の間にできる前線」では、どのように雲が分布するのかを解説します。P69の図1とP65の図1（冷たい空気と温かい空気の間にできる前線）を比較してみてください。P65の図では、前線の北側に大きく雨雲やその外側の雲が広がっているのに対し、P69の図1では、前線の北側にはすじ雲（巻雲）以外の雲があまり広がっていません。

また、前線付近と南側には積乱雲（雷雲）が広く分布しています。とくに、キンクと呼ばれる前線が北側に折れ曲がった場所とその南側300㎞以内では、積乱雲が発達しやすく、集中豪雨が発生しやすくなります。山では落雷や土砂崩落、沢の増水、鉄砲水などに厳重な警戒が必要ですし、平地でも災害が起こる可能性があります。

キンクでの雲の発生

実際にこのタイプの前線に伴う雲を写真1から見てみましょう。この日は、梅雨前線上のキンクが能登半島の北から新潟付近へと東進していき、会津朝日岳はその南側に入りました。前線は南下傾向で、天気の崩れが予想されましたが、登山口でにわか雨に降られたものの、登っている途中で薄日が差してきました。尾根上に出ると北側の空が見渡せましたが、そのときに撮影したものが写真1です。

前線のある北側の空は暗雲が垂れ込めており、雲海の上の一段と暗い雲が梅雨前線に伴う発達した入道雲（積乱雲群）になります。この雲が時間とともに、こちら側に近づいてきました。やがて、非常に激しい雨となり、避難小屋で待機することになってしまいました。このタイプの梅雨前線は前線付近とその南側で入道雲が発達しやすく、登山におけるリスクも大きくなることを覚えておきましょう。

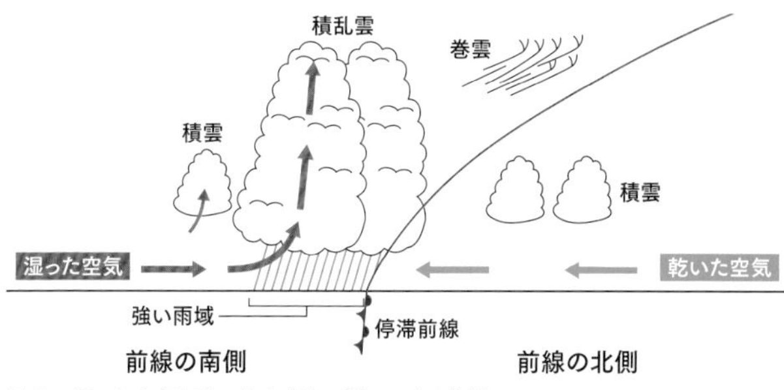

図1　湿った空気と乾いた空気との間にできる前線

写真1　北側から迫る梅雨前線に伴う積乱雲群

線状降水帯による雲

線状降水帯（せんじょうこうすいたい）とは、発達した積乱雲（雷雲）が列をなして同じ場所を次々と通過することによってつくりだされます。長さは50～300㎞程度、幅20～50㎞程度で強い雨域をもちます。近年は、線状降水帯による水害が相次いでおり、平成26年8月の広島豪雨、平成27年9月の関東・東北豪雨、平成29年7月の九州北部豪雨、平成30年7月の西日本を中心とした豪雨が発生しています。

関東・東北豪雨のときの雨雲レーダー（図1）を見てみると、一列に並んだ活発な雨雲が存在しています。線状降水帯は動きが遅く、同じ場所で長時間、非常に激しい雨が続くことがあり、そうなると大きな災害が発生します。

線状降水帯の発生場所

線状降水帯がどこで発生するのかを予想するのは難しいことですが、相当温位・風予想図で事前に表現されることがあります。相当温位とは、温度と水蒸気量を併せもったような指標で、相当温位が高いときは「温かく湿った空気」となり、低いときは「冷たくて乾いた空気」になります。線状降水帯が発生するときは、図2のように、相当温位が高い空気がくさび型に入ってくるのが特徴です。

線状降水帯に伴う雲は、写真1の地平線のすぐ上にある真っ暗な雲の帯です。登山中にこのような雲が接近するときは、すぐに土砂災害や、沢の氾濫・増水、落雷のリスクが少ない場所へ避難しなければなりません。

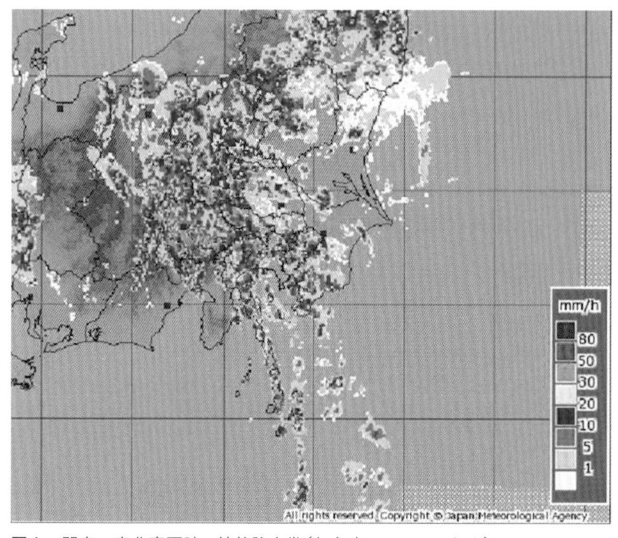

図1　関東・東北豪雨時の線状降水帯（気象庁ホームページより）

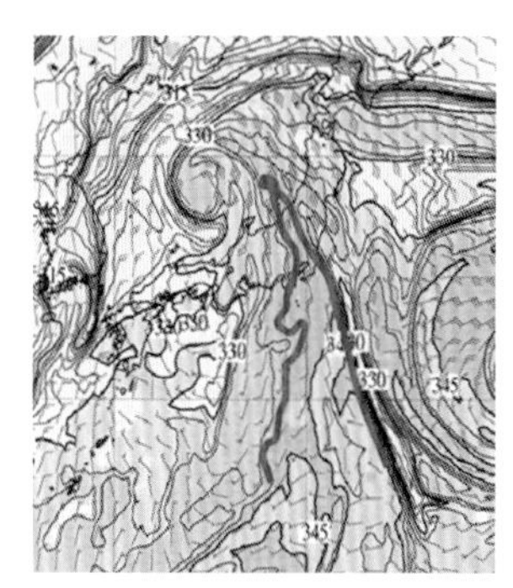

図2　相当温位予想図

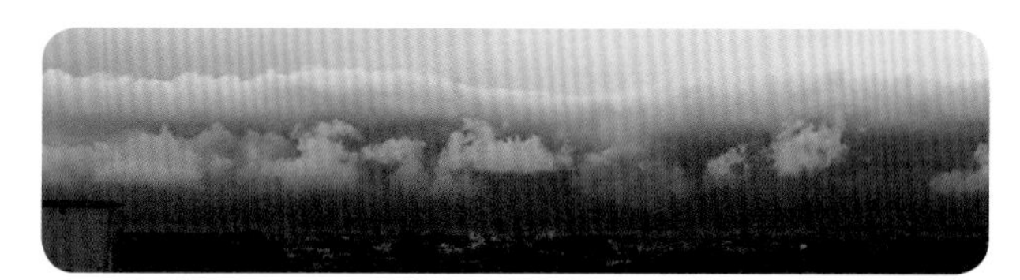

写真1　線状降水帯に伴う雲

乳房雲とアスペリタス

乳房雲（ちぶさくも）は、雨が降る直前などに、雲の底からこぶ状の雲がいくつも垂れ下がる雲（『雲の中では何が起こっているのか』荒木健太郎著、ベレ出版刊）で、形が乳房に似ていることから名づけられた雲です。雲が下向きに尖っているのは、降水粒子が落ちていきながら、蒸発している様子を表わしています。ただ、乳房雲の成因についてはまだ不明な点も多く、謎に満ちた雲です。

アスペリタス

アスペリタスという名前は、聞いたことがない人が多いと思います。知っている人は相当マニアックな雲の知識をお持ちです。実はこの雲、2017年3月に「国際雲図帳」に新種の雲として登録されたばかりの出来たてホヤホヤの雲（ただし発見されたのは10年以上前）です。では、その雲を見てみましょう。

写真2は、いかにも天気が荒れそうなおどろおどろしい雲ですね。実際、アスペリタスは雨が降る前に現われる雲です。この雲ができる原理はまだよくわかっていませんが、雨や雪が降ることによって、雲の中に内部重力波という波が発生して、その波が雲を形作っていると推察されています。重力波というのは、簡単にいうと重力を復元力とする波のことで、水に石を落としたときに波紋が広がっていきますが、これも重力波です。この雲が見られたら雨が近いか、雲がかかっている山では荒れた天気になると思ってください。

写真1　下向きに尖った乳房雲

写真2　おどろおどろしいアスペリタス（槍ヶ岳山荘＝写真）

疑似好天を見極めよう　その1

～日本海と反対側の登山口から登る場合～

疑似好天とは、一時的（数十分から数時間）に青空が広がって天気が回復するものの、その後天候が急変して風雨や風雪が強まるような、見せかけの好天のことを指します。過去には、1989年10月の連休に起きた立山（たてやま）での大量遭難や、2012年ゴールデンウィークの北アルプスでの大量遭難など、疑似好天によって起きている事故も少なくありません。

疑似好天は天気予報では予想できないことがあり、登山中に天候悪化の前兆となる雲が現われているかどうかを確認することが大切です。疑似好天は日本海側の山岳で多く発生しますので、日本海側の山岳における雲の変化について説明します。ここでは日本海と反対側（北アルプスでは白馬（しろうま）岳や上高地など長野県側）から登る場合について説明します。

登山口で山にかかっている雲を確認

まずは登山口で、山に雲がかかっているかどうかを確認しましょう。山麓で晴れていても、写真1のように山にベッタリと雲が張り付いている場合、山では荒れた天気になっていると思ってください。

また、写真2のように、山に日が当たって晴れているときには、その後の雲の変化に注意していきましょう。写真3では、山の上に雲が張り付いてきました。写真4では、山全体を雲が覆うようになってきました。この時点で山は悪天となっています。このように、山に張り付く雲が次第に増えていくとき、天候は悪化していきます。

写真1
八方尾根から見た白馬岳方面にかかる雲
（白馬村振興公社＝写真）

写真2
白馬村から白馬岳方面を見る
（白馬村観光局＝写真）

写真3
写真2の約1時間後の状況
（白馬村観光局＝写真）

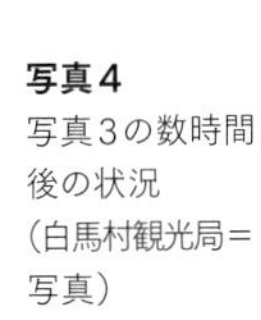

写真4
写真3の数時間後の状況
（白馬村観光局＝写真）

疑似好天を見極めよう　その2
～日本海方面の空が見渡せる場所にいるとき～

日本海の方向にある雲を確認

疑似好天の後に天気が大きく崩れるときは、日本海の方向から雲が接近してきます。山の上や、日本海の方向が見渡せる場所にいるときには、日本海（多くの山岳では西や北西側）方面の空を観察するようにしましょう。

写真1を撮影した日は、山麓の天気予報では好天が予想されていましたが、午前中から天気が崩れ、午後は吹雪となって北アルプスでは遭難が相次ぎました。この写真は、燕山荘（えんざんそう）から日本海の方角を見たものです。上空には白い盛り上がった雲と灰色の雲がうねったように連なっています。これをレンズ雲（P58参照）といい、上空の風が強いことを示しています。そのときに風が強まっていなくても、急速に強くなる恐れがあります。時間がたつと、レンズ雲は厚くなり、灰色に変わっていきます（写真2）。こうなると、悪天になるのに時間はかかりません。

これらの写真の状況から、今日の天気が予想より早く崩れることを察知し、表銀座方面の縦走を取りやめて燕岳（つばくろ）の往復のみにすることや、そのまま合戦（かっせん）尾根を下山するという計画に変更することを考えましょう。

また、日本海の方向に写真3・4のように、帯状に連なった雲の列が現われたときは、天気が急変する前兆です。登山前には山の上の雲を、登山中には日本海の方向や上部にかかる雲の変化をチェックして、天候悪化を察知しましょう。

写真1
燕山荘から北〜北西方向を望む（燕山荘提供）

写真2
鉛色の雲が広がってきた燕岳上空（燕山荘提供）

写真3
立山山麓から見た、日本海側から接近する雲

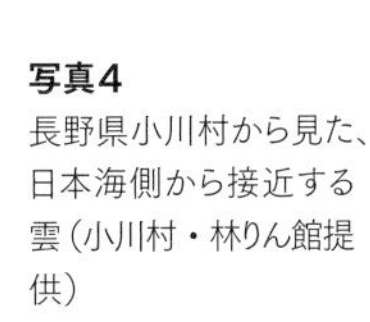

写真4
長野県小川村から見た、日本海側から接近する雲（小川村・林りん館提供）

低気圧が山の南側を通過するとき

低気圧が山のどちら側を通過するかによって、山の天気は大きく異なります。山の南側を通過するときは、最初に温暖前線が接近するときと同じ天候変化となります（P36参照）。ここでは本州の南海上を低気圧が通過したときの八ヶ岳付近の雲の変化を見ていきましょう。

雲の変化

晩秋から春にかけて、このような進路を低気圧が通過するとき、普段はあまり大雪の降らない、関東から四国にかけての太

写真1　湿った感じの雨巻雲が空の広い範囲を覆う

写真2　西の空からうす雲が広がる

写真3　西の空からおぼろ雲に変わっていく

写真4　太陽が完全に雲に隠れると雨雲に変わり、まもなく雨が降る

平洋側の山岳や、八ヶ岳、中央アルプス、南アルプス、奥秩父などでも大雪になることがあります。とくに、低気圧が東日本の陸地に近いところを通過し、発達するときには警戒が必要で、平地でも大雪となって交通機関が乱れることがあります。このようなとき、雲の変化は、写真2と写真3の間に、うろこ雲(巻積雲)やひつじ雲(高積雲)が発生することがあります。これらの雲は、空気が乱れているときに発生する雲で、強い低気圧の接近を疑いましょう。

離れた南海上を低気圧が通過

しかし、低気圧が南側を離れて通過するときは、天気の崩れ方が小さくなり、雨が降らない場合もあります。雨が降るかどう

写真5　ひつじ雲がおぼろ雲に変わるときは天気悪化の恐れあり

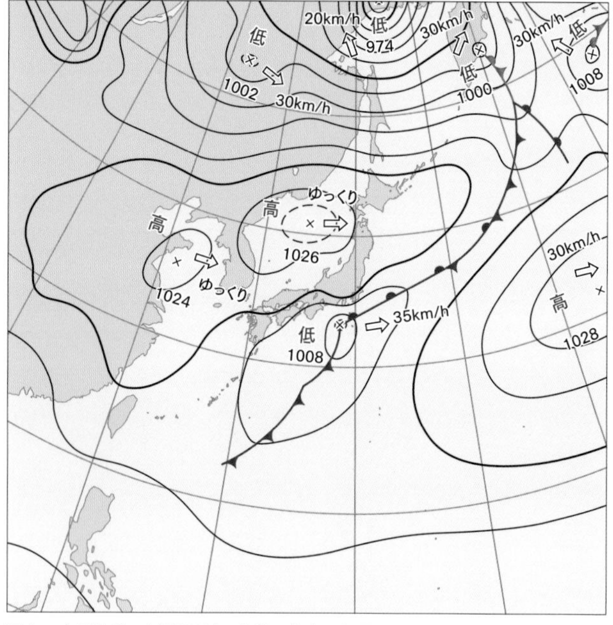

図1　太平洋側でも降雪があった際の地上天気図

かは、温暖前線や低気圧の前面(多くの場合、北から東側)に広がる降水域(雨や雪が降っているエリア)がかかるかによります。低気圧が南側を離れて通過し、降水をもたらす雲がかからない場合は「晴れ→くもり→晴れ」という天気になります。

具体的には、①すじ雲(巻雲)が広がる→②うす雲(巻積雲)に変化し薄曇りに→③おぼろ雲(高層雲)に変わり、雲が厚みを増す→④高層雲がうす雲に変わったり、雲そのものがなくなっていく、という流れになります。

つまり、雨や雪が降るときとの違いは、雨雲(乱層雲)が現われるかどうかになります。このように、雨が降らない場合の雲の見分け方は、北の空と南の空を比較するとわかりやすいです。

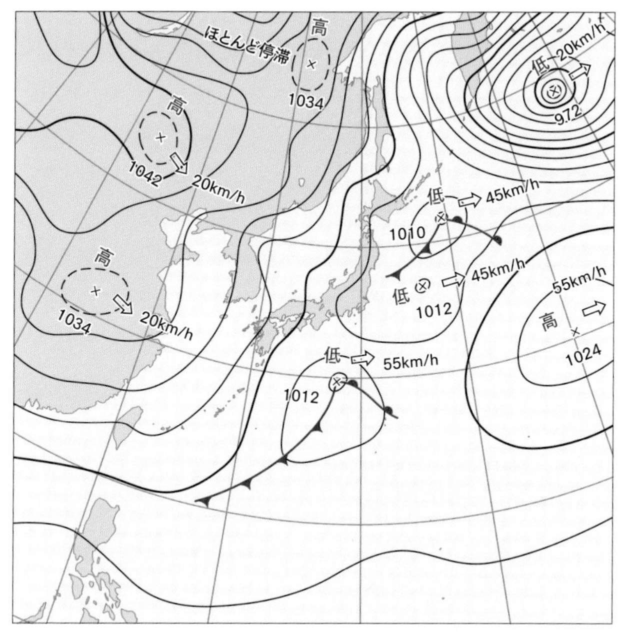

図2 低気圧が南側を離れて通過するときの地上天気図

低気圧が山の北側を通過するとき

低気圧が山の北側を通過するときは、次の3つのケースが考えられます。

❶温暖前線と寒冷前線の両方が通る場合
❷寒冷前線のみ通る場合
❸温暖前線も寒冷前線も通らない場合

温暖前線と寒冷前線の両方が通る場合

❶の場合、温暖前線や寒冷前線が接近するときは、それぞれP36～37とP40～41のような雲の変化をしていきます。温暖前線が通過した後、寒冷前線が接近するまでの雲の変化は、山によって異なります。中央アルプスや、紀伊半島の南西側の西部の山、富士山の静岡県側、箱根山、日高山脈、北日本の日本海側の山岳、九州山地の西側、四国山地の南側など、南西側に海がある山では、海からの湿った空気が入ってきて山の斜面を上昇し、雲を発生させます。このようなときにできる雲は、入道雲（雄大積雲）です。この雲が「やる気」を出すと、発達した入道雲（積乱雲、雷雲）になり、強いにわか雨が降ることもあります。

一方、東丹沢や奥多摩東部、奥武蔵、妙義山、榛名山など関東平野周辺の山岳、浅間山、谷川連峰、尾瀬など上信越の山岳、北上山地や北大雪など高い山の風下側（北東側）にあたる山では天気の崩れが小さく、わた雲（積雲）や、レンズ雲、吊るし雲などが見られるので、雲ウォッチングには最適です。ただし、天気がよくても標高の高い山では、風が強まるので注意が必要です。また、これらの山でも寒冷前線が近づくと、天候が急変していきますので、それまでには安全地帯に下りる必要があります。

寒冷前線が通過しても天気が崩れない場合

❷の場合は、P40のような雲の変化をしていきます。また、❸の場合は、天候が崩れることは少なくなります。ただし、等圧線の間隔が詰まっている場合には山では強風が吹き荒れ、レンズ雲や笠雲がかかることもあるので、山麓から雲の様子を観察して行動を決めましょう。

また、冬の時期は、寒冷前線が通過しても天気が崩れない場所があります。それは、関東地方から山梨県、静岡県にかけての山岳です。寒冷前線は北アルプスや中央アルプスなど大きな山脈を越えるときに弱まっていくため、それに伴う雲も山を越えるたびに弱まっていきます。このため、寒冷前線の前面（多くの場合、南東側）で南から温かく湿った空気の入り込みが弱いと、風下側の関東地方や東海地方（岐阜県、愛知県を除く）では天気の崩れが小さくなることがあります。

写真1 もくもくとした雲が接近中

写真2 寒冷前線が通過する際の積乱雲の接近

すじ雲が曲がるのはなぜ?

空を見上げたとき、すじ雲がカーブしていることがあります。すじ雲の形状と向きについては、P34「晴れ巻雲と雨巻雲」にて紹介したとおりですが、ここではすじ雲がカーブしている理由に迫ります。

すじ雲の曲がる理由

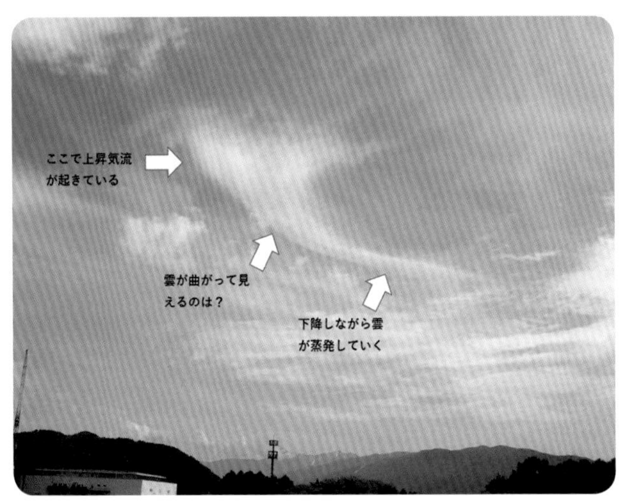

写真1　折れ曲がったすじ雲

写真1では、真ん中にカーブしたすじ雲が見られます。上部のすじ雲がもっとも濃くなっている部分は、上昇気流が起きて次々と雲が生まれている場所で、上昇気流によって雲が濃密になっています。そこから右下方向に雲は流れて折れ曲がっていきます。折れ曲がるにつれて雲が薄くなっていることから、ここには下降気流が発生していることがわかります。下降気流が発生

すると、空気は次第に温度が上昇し、雲は蒸発します。この空気の状態をすじ雲は教えてくれるのです。このとき、雲の上部と下部とで風速や風向きが異なると、雲を構成する氷の粒が流される向きが変わり、雲がカーブしているように見えます。

さらにカーブがきつくなったり、雲の先端がフック状になったものをかぎ状雲と呼びます。これは雲が下降して際に、さらに上下の風速や風向きが大きく異なることで発生します。

一方、写真2のすじ雲は直線状になっています。雲が高度を下げながらも、風向きや風速が変わらない場合は、薄いすじ雲がこのような形になります。

すじ雲を見つけたら、その形状と雲が流れる方角に注目しましょう。すじ雲がどこで生まれて、どこで消えているのか、雲の気持ちに寄り添って考えれば、その後の天気がどうなるか、答えが見えてくるはずです。

写真2　直線状のすじ雲

尾流雲とちぎれ雲

雨が降る気配というのを、なんとなくわかるときがありませんか。ジメッとした空気やひんやりとした空気を感じたりすると、その後にザーッと降ってきたりすることがあります。こういうときに見られる雲が尾流雲(びりゅううん)やちぎれ雲です。上空の比較的低い場所でこれらの雲が現われると雨が降ることが多くなります。

尾流雲

写真1　尾流雲

尾流雲とは、雲がしっぽをはやしたように、雲底から下に垂れ下がっているレースのような雲です(写真1)。この雲は、雲から落ちてくる雨や雪が地上に達する前に蒸発してできたもので、その様子が雲として見えているというわけです。上空では雨が降っていても、地上では雨を確認できませんが、尾流雲が見られるとその後に雨が降ることが多いです。また、尾流雲が地上に達すると降水雲(こうすいうん)と呼ばれます。

ちぎれ雲

ちぎれ雲は、正式には断片積雲（だんぺんせきうん）とか断片層雲（だんぺんそううん）などと呼びます。文字どおり、雲がちぎれたように浮かんでいる雲のことです。

上空が厚いおぼろ雲（高層雲）などの暗い感じの雲に覆われているとき、その雲の下にちぎれたような雲が現われることがあります。写真2の濃く暗いかたまり状の雲がちぎれ雲です。この雲は、下層（地面に近いところ）に湿った空気が入ってきて、その空気が山の斜面などで上昇することで生じます。雨が近くなると、地面に近いところの空気も湿ってくるため、このような雲が現われやすいです。また、このちぎれ雲が上方に延びていくことがあります。これは上昇気流が強いことを示していて、そのうえに積乱雲があると落雷や強雨、雹などの激しい気象現象をもたらす可能性があり、より注意が必要な雲となります。

写真2　中央左、中央奥、中央右の濃く暗い雲がちぎれ雲

上下の温度差が大きいときにできる雲

地上と上空高いところとの間で温度差が大きいときにできる雲が入道雲なのに対し、うろこ雲（巻積雲）、ひつじ雲（高積雲）、うね雲（層積雲）は、いずれも上空高いところ同士、あるいは低いところ同士というように、狭い範囲で上下の温度差が大きいときにできる雲です。

うろこ雲はみそ汁の原理でできる!?

うろこ雲が何かに似ていると思ったことはありませんか？　そう、みそ汁の表面の模様です。温めたみそ汁を冷ますと、まだら模様ができます。これはみそ汁の表面が冷たい空気に触れることで急速に冷やされていき、底のほうは温かいままなので、上下で温度差が大きくなることによってできる模様です（写真1）。

水は冷たいほど重くなり、温かいほど軽くなるので本来なら、下のほうに冷たい湯が、上のほうに温かい湯がある状態が理想的です。しかしながら、表面が冷めてきたみそ汁は逆の状態になっているため、水にとってはストレスの溜まる状態になっています。そのため、上の冷めた湯は下に沈もうとし、下の温かい湯は上に昇ろうとします（図1）。しかし、どちらも一斉に動こうとすると、お互い目的を果たすことができないので、冷たい湯と温かい湯は譲り合います（図2）。つまり、温かい湯

写真1　味噌汁にできる模様

が上昇するところでは冷めた湯は下降せず、冷めた湯が下降するところでは温かい湯は上昇しない状態になり、交互に上昇と下降を行なうのです。温かい湯が上昇するところでみそ汁のかすが浮きあがり、冷たい湯が下降するところではみそは沈んで、写真1のようなまだら模様が発生します。

空気も水と同じ性質をもっているため、うろこ雲はこれと同じ原理で発生します。上空に前線があったり、ジェット気流と呼ばれる上空高いところの強風帯付近では上下で温度差が大きくなることが多く、冷たい空気が下降し、温かい空気が上昇します。そして、温かい空気が上昇するところでは雲ができ、その隣の冷たい空気が下降するところでは雲が消えるため、魚のう

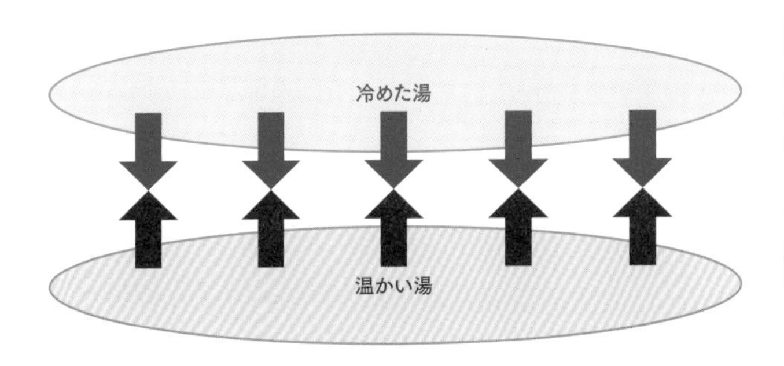

図1　冷めた湯と温かい湯が譲り合わない場合

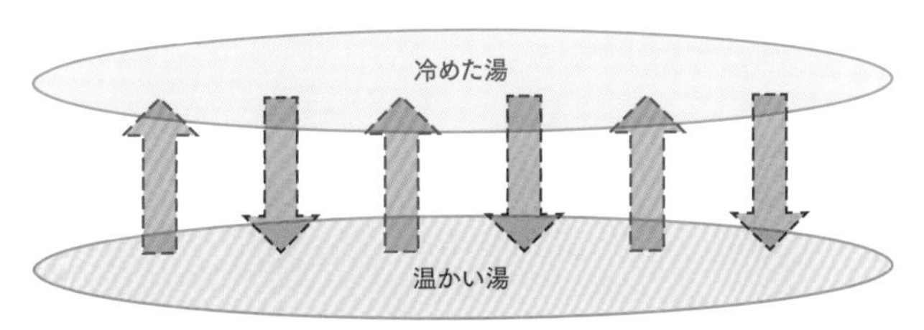

図2　冷めた湯と温かい湯が譲り合う場合

ろこのようなまだらの雲ができるのです。

ひつじ雲はうろこ雲と同じ仲間

ひつじ雲も同じ原理で発生する雲です。うろこ雲は、上空7～10㎞で温度差が大きいときに発生する雲なのに対し、ひつじ雲は上空4～8㎞で温度差が大きいときに発生します。高度が低い分、私たちから見る雲が近いので、大きく見えます。また、低いところほど水蒸気の量も多くなるため、うろこ雲より雲が厚みを増し、雲の底は白ではなく灰色になります。

うね雲は上空1～2㎞に冷たい空気が入ったときにできる

うね雲は、ひつじ雲よりさらに低い高度、地面から1～2㎞上空にできる雲で、その高度に冷たい空気が入ると、地面や海水面付近との温度差が大きくなって発生します。発生する様子を図3で見てみましょう。

図3 うね雲ができる仕組み

1. 海上などから地面付近に水蒸気を多く含んだ空気が入ってくる

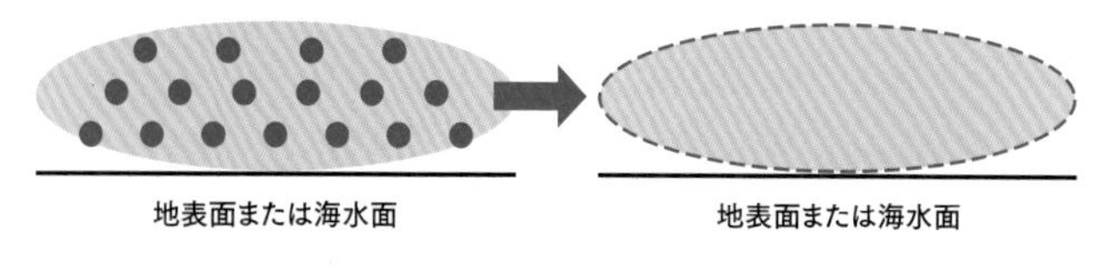

2. 上空1～2㎞に冷たい空気が入る

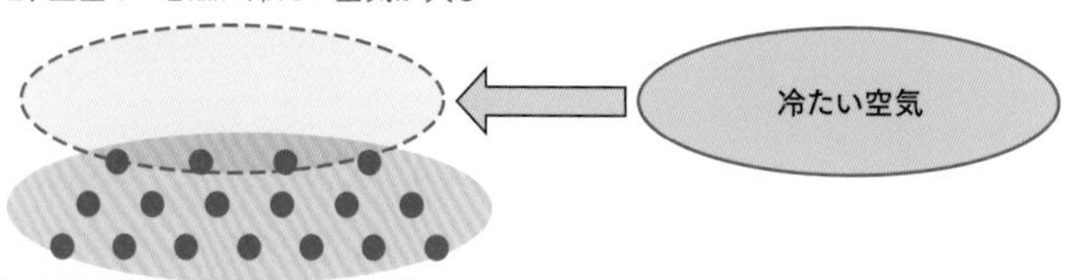

3. 水蒸気が冷やされて雲が発生

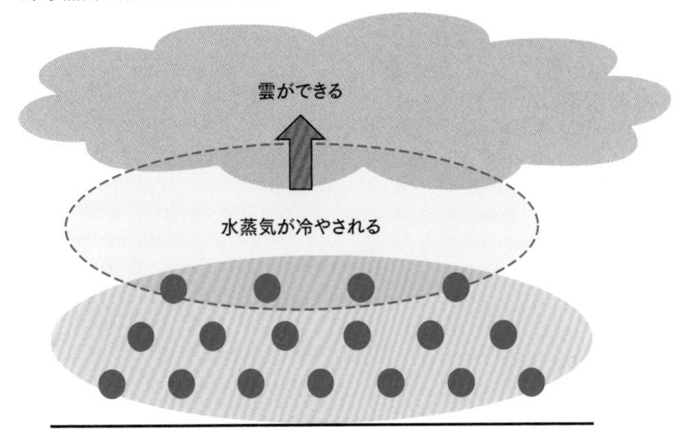

4. 地面付近と上空1～2kmの狭い範囲で温度差が大きくなることで対流が発生

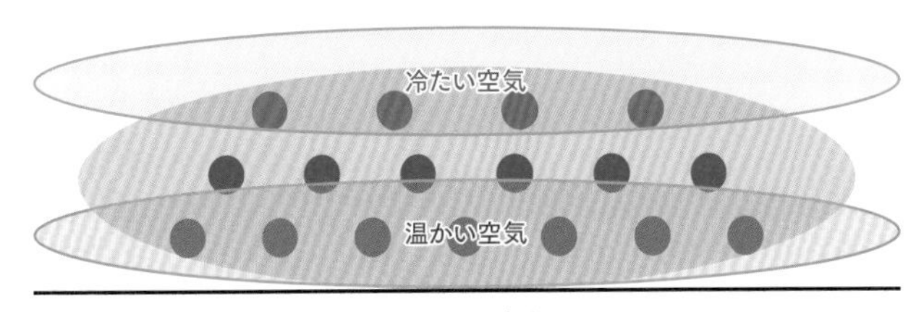

5. 上昇気流が起きる場所で雲ができ、下降気流が起きる場所で雲に隙間ができる

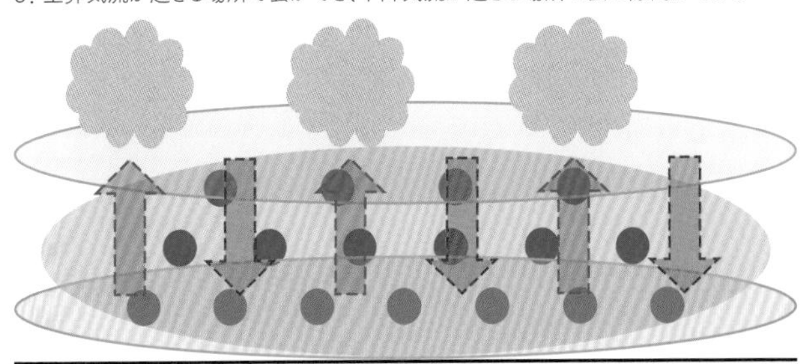

波状雲

波状雲（はじょううん）は、空気中に発生した波によってできる雲のことです。文字どおり、波打ったように雲が列をなしています（写真1）。

写真1　八ヶ岳上空の波状雲

重力波がつくる波状雲

この雲は重力波（じゅうりょくは）によってできます。重力波はアスペリタス波状雲の解説（P72参照）にも出てきましたが、身近なところでも見ることができます。誰もが水面に波紋が広がるのを見たことがあるでしょう（写真2）。

これも重力波によるものです。空気と水という異なる性質同士が接する境界面に発生した波が伝わっていく様子がわかります。同じように、海で発生する波も重力波のひとつです。さらに重力波は空気中でも起きています。図1のように2つの異なる空気の層（たとえば、大

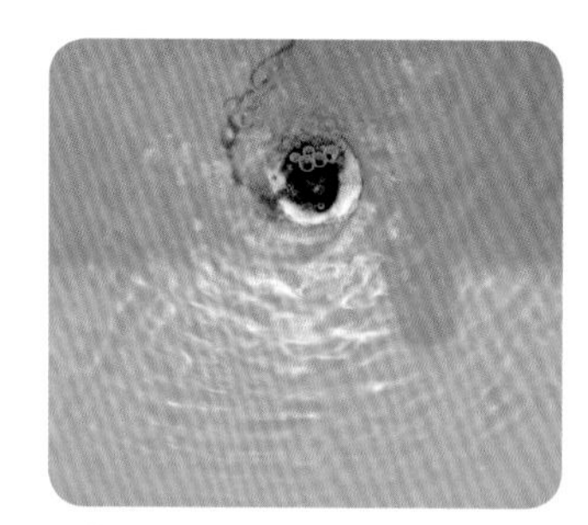

写真2　水面に生じた波

気層Aが温かい空気、Bが冷たい空気など）があると、大気にうねりが生じて波が発生することがあります。このような空気の層は、上空の前線に伴って発生することが多くなります。

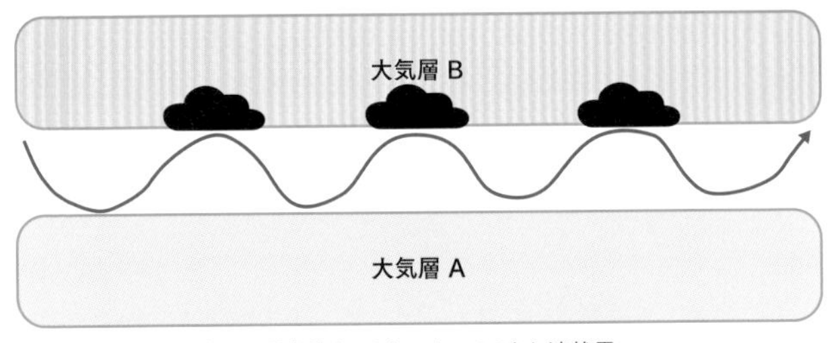

図1　空気中で発生する重力波と、それによってできた波状雲

重力波が発生すると、波が上昇しているところでは雲ができ、下降しているところでは雲が消えて、いくつも連なった雲の列、つまり波状雲ができるのです。

波状雲が朝日、夕日に照らされるときは、本当に美しいです。この雲は、ジェット気流が上空にあるときや、台風や発達した低気圧が接近してくる前に現われることが多いので、そのようなときは、安全を確保したうえで空を見上げてみましょう。

写真3　燕岳上空の波状雲

雲海

雲海（うんかい）とは、眼下に海原のように雲が広がっている状態のことで、雲海を見るためには以下のような条件が必要になります。

❶自分が雲より高い場所にいること
❷雲の上は晴れていること
❸雲が比較的広い範囲に広がっていること

それでは、これらの条件がそろうのはどんなときでしょうか？雲海ができる仕組みについて解説していきます。

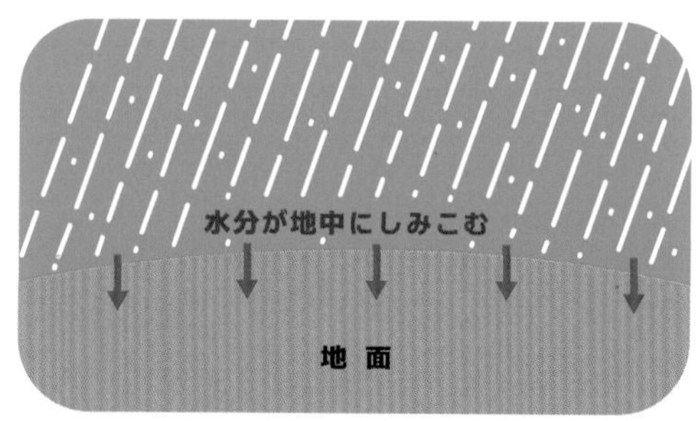

図1　前日や夜間に雨が降り、水分が地中にしみこむ

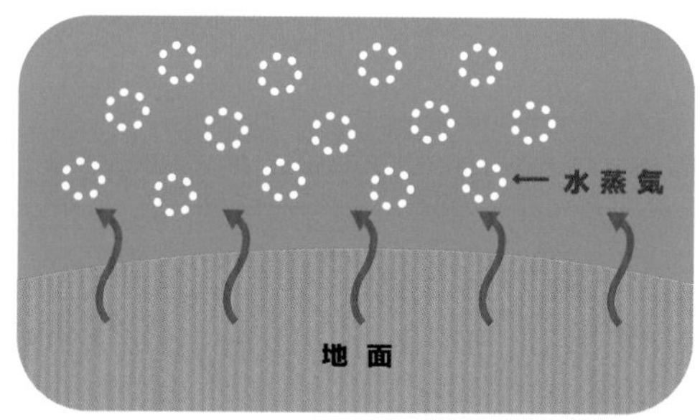

図2　地面や湖面、川面から水分が蒸発し、空気中に水蒸気が溜まっていく

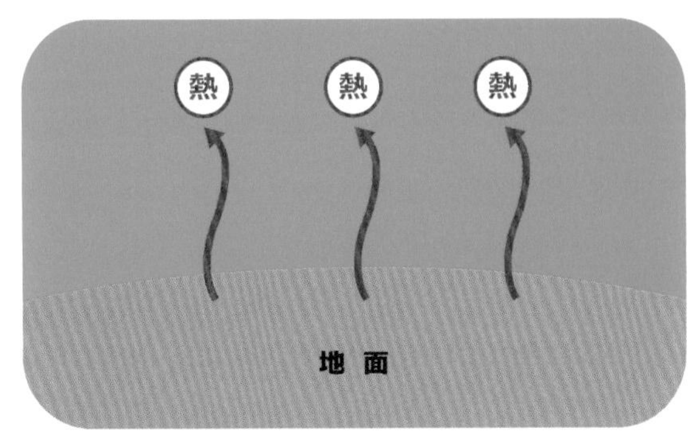

図3　夜、晴れて風が弱いと地面から上空へと熱が逃げていく

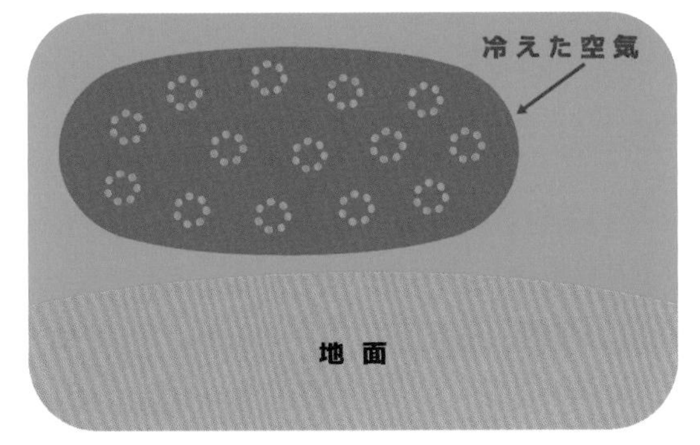

図4　地面の上にある空気が冷やされる

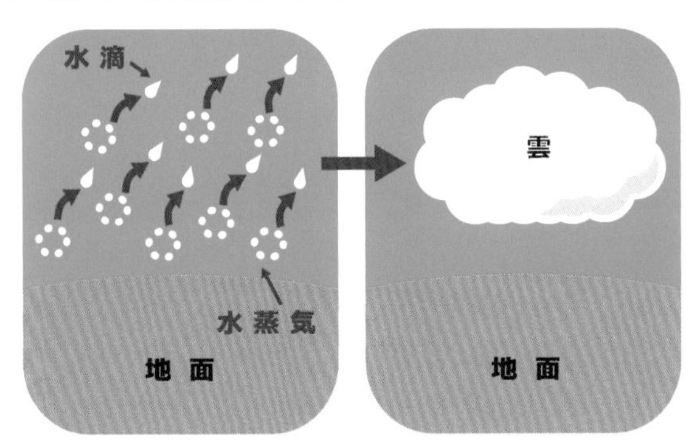

図5　水蒸気をたくさん含んだ空気が冷やされて水蒸気は水滴（雲）になる

ただし、図5の状態のときに上昇気流が強いと、雲が山の上部まで覆ってしまい、山頂は雲の中に入ってしまいます。山頂が雲の上に出るためには、山頂より低い場所に大気(空気)の安定した層があり、その層の下に雲がとどまっている必要があります。「大気が安定する」というのは、大気に大きなストレスがかからない状態のことです。普段の大気は、地面に近いほど気温が高く、地面から上空に離れるほど気温が低くなっていきます。しかし、温かい空気は軽く、冷たい空気は重いという性質があるため、ストレスがかかり、この状態を解消しようと、温かい空気は上昇を、冷たい空気は下降しようとします。一方で、地面の近くに冷たい空気があり、地面から離れた空気が温かければ、大気にストレスがかからず、安定しています(図6)。

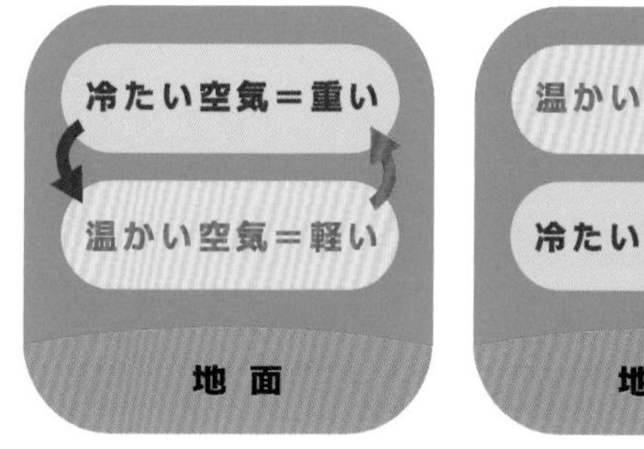

図6 普段の大気の状態(左)と安定した大気(右)

安定した層は空気のしきいのようなもので、地面から上昇した空気は安定層にぶつかると、それ以上は上昇することができずに左右に広がっていきます。そのため、雲の高さが一定になります。空気中の水蒸気も安定層より下に閉じ込められるので、それが朝の冷え込みで冷やされると雲粒(雲を構成する水滴)や霧となり、雲海が見られるというわけです(図7)。

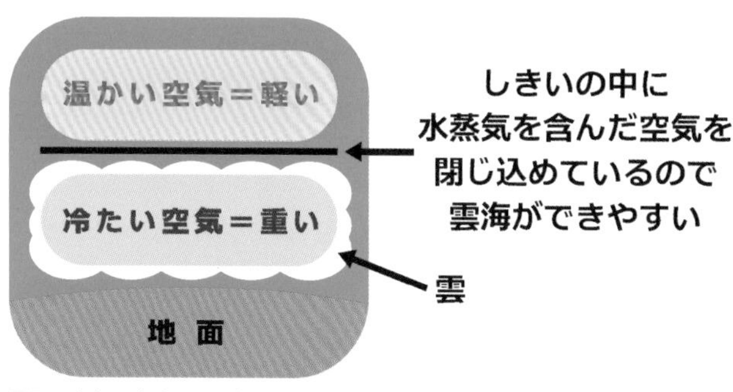

図7　大気が安定して雲海が生まれる仕組み

写真1　図1＋図3＋図6右の条件がそろうと雲海が発生！

❶地面（海面）に近い高度の空気が湿っていること（雨の後など地面から水分が蒸発するときや、湖や川の存在）
❷山頂より標高の低い場所に、大気が安定した層があること

❶に関しては、前日に雨や雪が降ったり、湖や川沿いの盆地などの水蒸気が溜まりやすい場合に該当します。❷は、高気圧に覆われており、なおかつ風が弱くて夜間に冷え込むと発生しやすくなります。

こうした日や場所を狙って雲海を見に行きましょう！

ジェット気流による雲

ジェット気流とは、偏西風(へんせいふう)がとくに強く吹いている上空の強風帯のことです。高度10～13㎞ほどの高さに位置していることが多く、ちょうどジェット機が飛ぶ高度と同じくらいです。風は温度差（密度差）によって発生するので、風が強いところは上空で南北の温度差が大きいことを意味しています。つまり、ジェット気流は春と夏、夏と秋、秋と冬のように季節を分ける存在でもあります。このような場所では、空気の動きが乱れやすく、雲がさまざまな形に変化します。したがって、ジェット気流が上空にあるときは、おもしろい雲ができることが多いです。

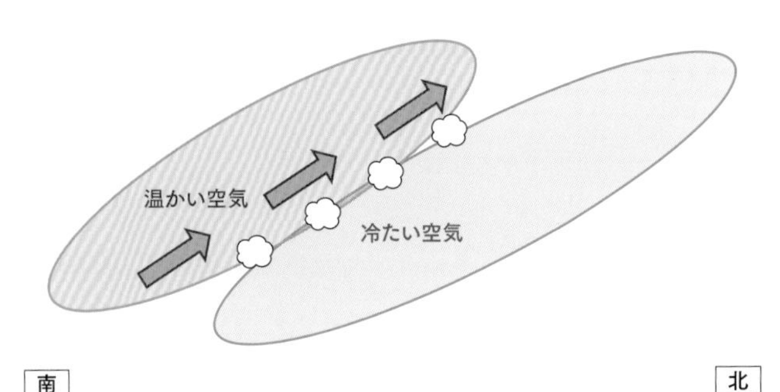

図1　ジェット気流付近で発生する上昇気流

ジェット気流でできる雲

ジェット気流付近は、南北の温度差が大きいので、上昇気流が生まれやすく、水蒸気がある程度あれば、雲が発生します。この高さで発生する雲は、すじ雲（巻雲）やうろこ雲（巻積雲）、うす雲（巻層雲）などの上層雲になります。ただし、ジェット気流がある高さでは水蒸気量が少なくなることや、ジェット気流のすぐ上には、安定した大気の成層圏があるので、巻雲は上へ上へと成長できず、薄い雲にしかなりません。

写真1 ジェット気流によって発生した波状のいわし雲（巻積雲）

ジェット気流で空気が乱れたときにできるのが、うろこ雲やいわし雲です。どちらも巻積雲ですが、いわし雲はうろこ雲の波状雲（P92参照）といえます。空気中の重力波が大きくなったときには、うろこ雲でなく、いわし雲になります。

写真2 放射状のすじ雲

また、ジェット気流によって放射状の雲ができることがあります。放射状に見えるのは、遠近法による人間の目の錯覚で、実際には雲は平行に並んでいます。空気中に波ができることで、雲が平行に並びやすくなります。波が上昇したところで雲ができ、下降したところでは雲が消えるというわけです。

日本海の雪雲

冬になると、日本海側では雨や雪、太平洋側では晴れといった天気が多くなります。これは冬型と呼ばれる気圧配置になることが原因です。冬型になると、日本海で雪雲が発生し、その雲が北西の季節風に流されて日本海側に雪や雨をもたらします。一方、日本の中央部にある山を越えると雲は消えていくため、太平洋側では天気がよくなります。

日本海側で雲が発生する理由

冬型になると、中国大陸から日本に向かって風が吹きます。大陸育ちの風は、最初は冷たくて乾いています。それが日本海を渡る間に、下から水蒸気の補給を受けて湿った空気に変わっていき、雲が発生します(図1)。

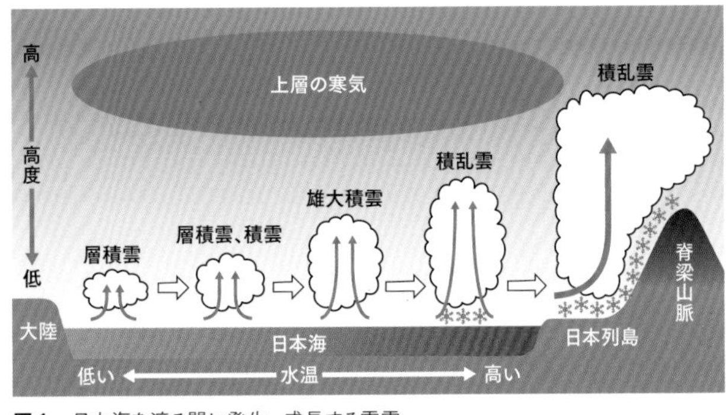

図1　日本海を渡る間に発生、成長する雪雲

また、日本海の水温が高いので、海に接した下のほうの空気は次第に温められていきます。一方、上空はシベリアからの冷たい空気が入ってきて冷たいままです。そのため、高度の高いとこ

ろと低いところの間で温度差が大きくなり、大気が不安定となって対流が発生します。対流というのは、上下の温度差が大きくなるときに、温度差を和らげようとして起こる空気の運動のことです。P88で紹介したうろこ雲が発生する原理(みそ汁の原理)も対流です。

対流により、温かい空気が上昇するところで雲が発生し、冷たい空気が下降するところでは雲ができません。したがって、雲ができるところとできないところが交互に現われます。

上空の寒気がポイントに

写真1 対流により発生した日本海の雲

しかしながら、対流が弱いときは、写真1のように、雲は雪を降らせる雲にまで発達しません。夏場の雷雲と同様に、大気が不安定で、雲がやる気を出せる環境になって雪雲は成長していきます(写真2)。冬の日本海の水温は日によってあまり変わらないため、雲のやる気を左右するのは上空の寒気の強さにな

写真2　上空に寒気が入って“やる気”を出した雪雲

ります。5500m上空で－36℃以下の寒気が入ると、北アルプスや上信越の山岳で大雪になることが多いので覚えておきましょう。一方、雪雲は山を越えると下降気流によって蒸発し、弱まっていきます。

写真3　北アルプスにかかる雪雲と風下側の晴天域

写真3を見ると、雪雲が山を越えて弱まる様子がよくわかります。山の反対側（写真では奥のほう。日本海側）から押し寄せてきた雲が山にぶつかって上昇するため成長し、山を越えると下降気流となるため、雲が蒸発してなくなります。山の手前側では雲がまったくない状態です。

冬型になると、日本海にはかたまり状やすじ状の雲が現われることが多くなります。衛星画像で見ると、すじ状にきれいに並んだ雲が見られます。この雲も一様ではなく、済州（チェジュ）島や屋久（やく）島の風下側には渦を伴った雲が連なるカルマン渦が見られることがあったり、日本海側の地方に大雪をもたらす、JPCZ（日本海寒帯気団収束帯）に伴う雲が見られることもあります。毎日、衛星画像を見ていると、同じ冬型でもいろいろな雲が見られることがわかり、おもしろいです。

写真4　済州島の風下側に現われたカルマン渦

滝雲

滝のように、雲が山を越えて流れ下る現象を滝雲(たきぐも)と呼びます。滝雲は、以下の条件がそろったときにのみ見られます。

滝雲ができる条件

❶湿った空気が風上側から入ること
❷山頂や尾根より少し高い所に安定した空気の層があること
❸風がある程度強いこと

滝雲ができる気象条件

それでは実際に滝雲が現われた日の気象条件について見ていきましょう。写真1は、左側が南、右側が北の方角になります。南側から湿った空気が入り、それが尾根を越えて北側へ下降している様子がわかります。この日は、太平洋からの湿った空気が奥多摩方面に入ってきやすい気圧配置だったので、湿った空気が山の斜面で上昇して雲を発生させました。また、山の上には温度が高い空気の層があり、安定した層ができています。山にぶつかった空気は、安定層に阻まれてこれ以上、上に行くことはできません。安定層が尾根のすぐ上にあると、尾根と安定層の間のわずかな隙間を風が通っていきます。この隙間に風が集中するため、風は強まって反対側に勢いよく下りていきます。下りるときに、湿った空気が弱いと、滝雲にならずに雲は消えてしまいますが、ある程度、空気が湿っていると、雲がきれいな形の滝雲になります。

滝雲は自然の神秘そのもの。山で出会えるといいですね。

写真1　奥秩父・雲取山山頂で見られた滝雲

写真2　中央アルプス・千畳敷で見られた滝雲

光学現象

空や雲がさまざまな色で彩られることがあります。これは、太陽や月の光が空気中の小さな氷の粒や水滴で反射したり、ちりばめられたりすることが原因で起きる光学現象です。空が見せてくれる神秘的な彩りに出会えるとうれしくなりますね。そこで、代表的な光学現象を紹介します。

光学現象は現われる位置が決まっており、手を使っておおよその位置を把握することができます（図1）。

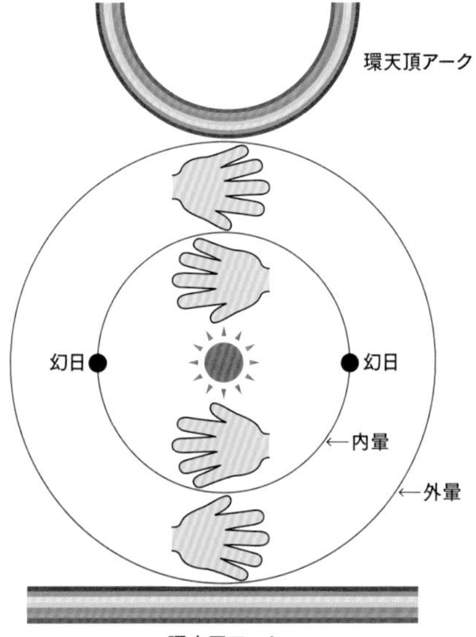

図1　光学現象の位置

腕を伸ばして、手の甲を広げる。右手の親指の位置を太陽に合わせると、小指の位置が内暈（ないうん、うちかさ）、幻日（げんじつ）の位置。さらに左の手の甲を連ね、手の甲２つ分にすると左手の小指が環天頂アーク、外暈（がいうん、そとかさ）の位置に。また太陽の下方で手のひらを２つ広げると環水平アークの位置になる。

日暈（ひがさ、にちうん、英名ハロ）　出現率★★★

見られる時間帯　太陽が出ている時間帯

太陽の周りに薄いベールのような雲が広がっているとき、虹色の環ができる現象。日暈が見られた後、おぼろ雲や雨雲に変化すると、天気が崩れることが多くなります。日暈のうち、内暈は太陽の周囲にうす雲が広がるときに出現しやすいです。

幻日（げんじつ）　出現率★★★

見られる時間帯　朝と夕方

太陽の左右両側に輝く虹色のスポットのことを幻日と呼びます。太陽が2つにも3つにも増えたかのように見える不思議な現象で、太陽の高度が低い朝と夕方に見られます。内暈が出ているときに見られる確率が高まります。

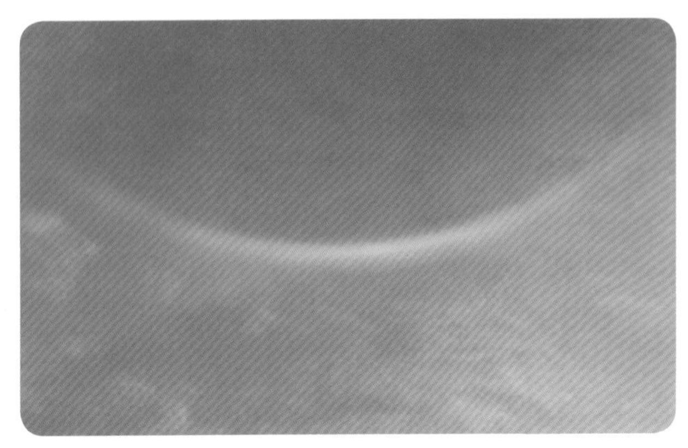

環天頂（かんてんちょう）アーク　出現率★★

見られる時間帯　朝と夕方
太陽の上に逆さ虹のように虹色の弧を描く現象を環天頂アークと呼びます。上空に氷晶でできた上層雲があり、太陽の高度が低い朝や夕方の時間帯に出現する可能性があります。

環水平（かんすいへい）アーク　出現率★★

見られる時間帯　春～夏の昼（太陽高度が高いとき）
環水平アークは、太陽より下に見られる、水平に延びた虹色の帯のことです。水平に見えますが、実際にはゆるい弧になっています。環天頂アークと同様に、水晶でできた上層雲が太陽と同じ方角にあり、太陽高度が高い春や夏の昼間に現われます。

彩雲（さいうん）　出現率★★★

見られる時間帯　太陽が出ているとき
雲がピンクや緑色などパステル調の色に彩られる現象。彩雲は、太陽の近くにうろこ雲やひつじ雲、わた雲が出ているときによく見られます。写真を撮るときは、太陽を建物や電柱などで隠すと、きれいな色が映えます。

幻日環（げんじつかん）　出現率★

見られる時間帯　太陽が出ているとき
太陽と同じ高さに360度の白い輪ができる現象です。幻日環はなかなか見られない貴重な現象ですが、幻日や暈などのほかの光学現象と同時に発生することが多いです。

虹　出現率★★★

見られる時間帯　にわか雨の前や後
太陽を背にして前方で雨が降っているときに見られる現象です。太陽の高度が低いとき、虹は低空に現われて帯状に延びるような形となり、高度が高くなるにつれてきれいな円弧状になります。夕立の後、東の空を見ると、虹が見られることが多いです。

ブロッケン現象　出現率★★

見られる条件　山を挟んで片方が霧、片方が晴れのとき
霧に中に妖怪のような人影が映り、影の周りに虹色の輪ができる現象です。雲や霧が自分より低い場所にあり、太陽が後ろから差すときにしか見られません。稜線を境にして片方が霧で、片側が晴れて日射があるときは見られる可能性が高いです。

薄明光線（はくめいこうせん）　出現率★★★

見られる条件　雲にある程度厚みがあり、隙間が空いているとき
「天使のはしご」とも呼ばれる、雲の下からいくつもの光が降り注ぐ現象です。比較的よく見られる現象ですが、山の上で見るものは、空気が澄んでいることもあり、平地よりも美しく見えます。うね雲やひつじ雲が空に出ているときがチャンスです。

反薄明光線　出現率★★

見られる時間帯　朝と夕方
太陽が雲に隠れているとき、その雲から上空に向かって光の帯が何本も延びていく現象です。夏に入道雲や雷雲が太陽を隠しているときがチャンスです。

サンピラー（太陽柱）　出現率★

見られる時間帯　朝と夕方、もしくはダイヤモンドダストが見られる寒冷地の日中
朝日や夕日、高緯度の冬季など、太陽が地平線や水平線に近いときに、太陽の上に光の柱が現われる現象をサンピラー（太陽柱）、光柱などと呼びます。太陽の下に柱が延びることもあり、太陽が昇る前や沈んだ後にも現われることがあります。

グリーンフラッシュ（緑閃光）　出現率★

見られる時間帯　日の出や日の入の瞬間
日の出や日の入の瞬間など太陽の上部だけが地平線から顔をのぞかせているときに、一瞬だけ緑色に輝く、とても珍しい現象です。見られる時間は一瞬で、地（水）平線を見渡せる場所で、空が澄み、風が弱く、太陽の周囲に雲がないことが条件です。

美しい夕焼け　出現率★★★

見られる条件　梅雨の時期の晴れ間や、台風が南海上にあるとき
空気中に水蒸気が多いほど、夕焼けは濃い色やピンク色になります。水蒸気が多い梅雨の時期や、台風が南海上にある晴れた日がチャンス。うろこ雲やひつじ雲が広がっているとき、特に波状雲になっているときはすばらしい夕焼けが見られます。

青空　出現率★★★

見られる条件　晴れた日の日中
太陽の光は空気中の塵でちりばめられて向きを変え、その向きは色によって異なります。日中は、この距離が短いので、青色や水色の光が強くちりばめられて私たちに届き、空が青く見えるのです。標高の高い山では空の青色がより濃く見えます。

富士山で見られる雲
～笠雲と吊るし雲～

富士山や富士山周辺に行ったらぜひとも見てみたい雲、そしてほかの山より見られる確率が高い雲が、笠雲と吊るし雲です。

これらの雲が富士山で見られることが多いのは、富士山が単独峰であることと、駿河湾から近く、海から湿った空気が入りやすいことによります。

笠雲

笠雲はP56でも紹介しましたが、その名のとおり、編み笠をかぶったように山頂周辺を覆う雲で、湿った空気が富士山の斜面を上昇し、冷やされることで現われます。停滞しているように見えますが、実際には風上側で新たな雲が発生し、山頂を越えると下降して蒸発する、ということを繰り返しています。このように雲が新陳代謝を繰り返すためには、風が強いことと、常に湿った空気が供給されることが必要です。

そのため、低気圧が接近してくるときにできることが多く、昔から「富士山が笠をかぶれば近いうちに雨」といわれてきました。このことわざはある程度当たっているといえますが、実際には、笠をかぶっても山麓や周辺の山では天気が崩れないこともあります。しかしながら、富士山の中腹付近から笠雲がかかり、濃密な雲となっている場合は風雨が強まっていることがほとんどです。一方で、低気圧が通過した後に笠雲ができる場合は、次第に笠雲が小さくなって消えていくことが多く、そのようなときは天気が回復していきます。

写真1　富士山にかかる笠雲

写真2　富士山の笠雲と吊るし雲

吊るし雲

もうひとつ、富士山でよく見られる特徴的な雲が吊るし雲です。こちらも笠雲と同じように、風が強くて湿った空気が入ってくるときに発生します。つまり、発生する原理は笠雲と同じですが、発生する場所が異なります。笠雲は山頂にできるのに対し、吊るし雲は山の風下側にできます。どちらの雲も山岳波という空気の波によって発生しますが、図1のように、波が上昇するところで雲ができ、下降するところでは雲が消えます。山岳波が山を越えるときにできるのが笠雲で、山を越えた後の風下側に伝わることで生まれるのが吊るし雲です。富士山では西風や南西風が強まるときにできるので、東側や北東側にあたる山中湖や須走(すばしり)口上空で見られることが多くなります。富士山だけでなく、利尻(りしり)山や蓼科(たてしな)山など、ある程度の高さがある独立峰であれば、どこでも見られる可能性があります。

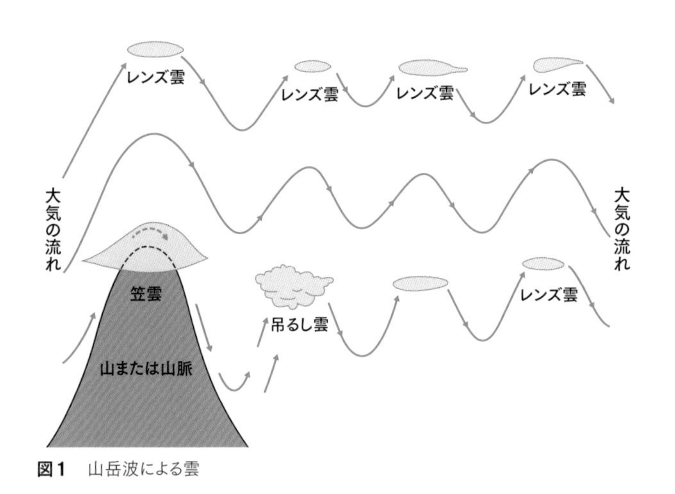

図1　山岳波による雲

写真1　富士山から見た吊るし雲（松場隼人＝写真）

笠雲と吊るし雲ができるときは、山頂は強風が吹き荒れているので、麓で雨が降っていなくても登山には適していません。

そんなときは山麓の温泉などでゆったりしながら、笠雲が二重、三重の笠になったり、まるでUFOのような不思議な形に変化する吊るし雲などを眺めてみるのはいかがでしょうか。また、P59で紹介した旗雲（はたぐも）も富士山では発生しやすい雲の一つです。

どこから見ても美しい山容や、そこで生じる自然現象を観賞するといった、登るだけではない楽しみ方を知ることで、富士山の魅力がより感じられるはずです。

天気の指標となる山 その1
～八ヶ岳～

八ヶ岳連峰は、南北30㎞にわたって連なる火山群で、四季それぞれの魅力があり、一年を通じて登山客が絶えない山です。八ヶ岳は日本アルプスの高峰に囲まれているため、山にかかる雲の形や量で、北アルプスや南アルプス、中央アルプス、富士山など周辺にある山の天気や風の状況を知ることができ、ほかの山の天気の指標になります。

「海側から風が吹くとき、山では天気が崩れる」という原則があります。それは、海上の空気は水蒸気が多く含まれていて、海側から風が吹くと、その湿った空気が山に運ばれて斜面を上昇していき、雲が発生するからです。

八ヶ岳は内陸にあり、海から距離がありますが、南東風や東風、西風のときに湿った空気が入りやすくなります(図1)。風が吹いている方角は山にかかる雲によって知ることができます。風向きがわかれば山の天気を推測できるので、登山口で山にかかる雲を確認してから登りましょう。

南東～南風のとき

八ヶ岳で南東～南風のときは、南側のエリアで天気がわるくなります。そのため、登山には蓼科山など北八ヶ岳エリアがおすすめです。湿った空気が弱ければ、P120の写真1のように、横岳から北で天気がよくなることもあります。また、このような雲ができているときは、南アルプスや奥秩父、富士山、関東地方南部の山岳では八ヶ岳より天気がわるいことが多く、北アルプスや中央アルプスでは天気がよくなることが多いです。

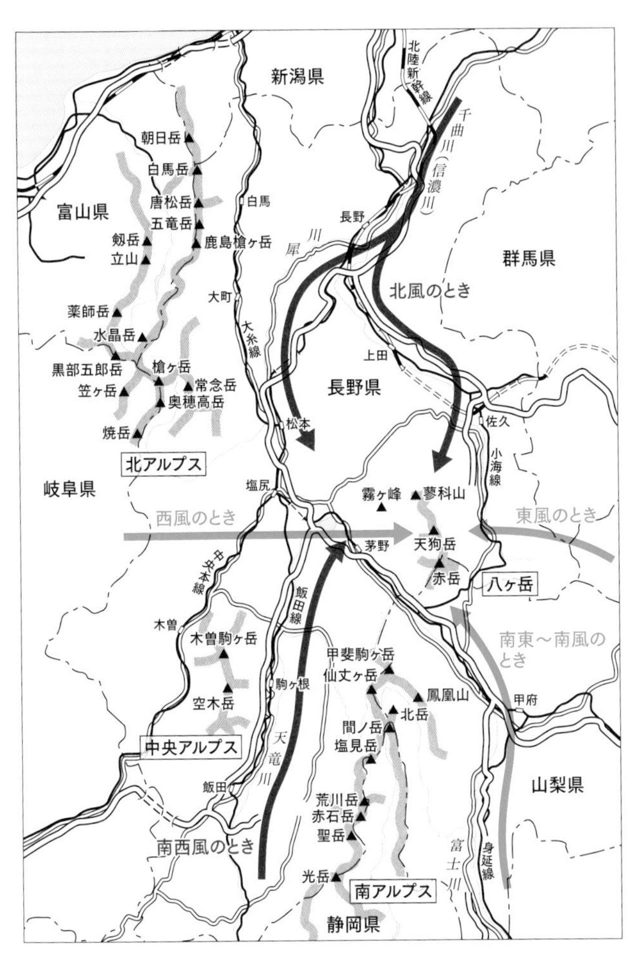

新潟県
北陸新幹線
千曲川(信濃川)
富山県
朝日岳
白馬岳
唐松岳
五竜岳
鹿島槍ヶ岳
剱岳
立山
白馬
長野
犀川
群馬県
北風のとき
大町
薬師岳
水晶岳
大糸線
上田
黒部五郎岳
槍ヶ岳
常念岳
笠ヶ岳
奥穂高岳
長野県
佐久
焼岳
松本
北アルプス
小海線
岐阜県
塩尻
霧ヶ峰
蓼科山
西風のとき
東風のとき
天狗岳
茅野
中央本線
赤岳
八ヶ岳
飯田線
木曽
木曽駒ヶ岳
南東～南風のとき
甲斐駒ヶ岳
仙丈ヶ岳
駒ヶ根
鳳凰山
空木岳
甲府
北岳
間ノ岳
中央アルプス
塩見岳
天竜川
山梨県
飯田
荒川岳
赤石岳
聖岳
南西風のとき
富士川
身延線
光岳
南アルプス
静岡県

図1　八ヶ岳の風向

写真1　南東風のときの八ヶ岳（左が北、手前が西、右が南）

東風のとき

JR小海（こうみ）線側の東面で上昇気流が発生して雲が湧き、八ヶ岳を越えて吹き下ろすため、西面の茅野、原村側の中腹以下で天気がよくなります。写真2のように、稜線にベッタリと雲が張り付いているときは風が強いので、赤岳（あかだけ）鉱泉や行者（ぎょうじゃ）小屋など西面の森林限界以下でのハイキングや散策がおすすめです。このような雲ができているとき、八ヶ岳以東の奥秩父、富士山、関東地方の山岳では八ヶ岳より天気がわるいことが多く、一方で北アルプス、中央アルプスでは天気がよくなることが多くなります。

写真2　東風のときの雲（左が北、手前が西、右が南）

南西風のとき

南西風のときは、湿った空気の勢いが強いと天気が崩れますが、弱いときは八ヶ岳の南西側にある入笠山（にゅうかさやま）～守屋（もりや）山で湿った空気が遮られるため、八ヶ岳山麓では青空が広がります。ただし、山では雲に覆われることが多くなります。とくに、蓼科山では天竜川に沿って入る湿った空気がぶつかるため、天気の崩れが大きくなります。このような雲ができているとき、中央アルプスや南アルプス、北アルプス南部では八ヶ岳より天気がわるいことが多く、北アルプスでは後立山連峰などの北部で天気がよくなることが多いです。

写真3　南西風のときの雲（八ヶ岳と逆方向、入笠山〜守屋山方面の空）

西風のとき

山脈に対して風が直角な方角から吹いてくるとき、風は最も強まり、山全体で上昇気流が起きます。八ヶ岳では西風と東風が吹くときに全域で雲に覆われることが多くなります。とくに西風が強いときは、西面の茅野、原村側では中腹以下でも天気が崩れることがあり、東面の真教寺（しんきょうじ）尾根、県界尾根、杣添（そまぞえ）尾根などから登るほうが風の影響を受ける時間が短く、中腹以下では天候の崩れも小さくなります。ただし、稜線に近づくと天候が急変し、風も急速に強まるので注意が必要です。八ヶ岳でこのような雲がかかっているとき、八ヶ岳以西の北アルプスや中央アルプスでは大荒れの天気になっています。一方、関東地方、富士山麓の山岳や奥秩父では風は強いものの、好天に恵まれることが多いです。

写真4　西風のときに八ヶ岳を覆う雲（左が北、手前が西、右が南）

北風のとき

北風のときは、南東～南風と反対で、蓼科山など八ヶ岳北部で雲に覆われることが多くなり、南側のエリアでは天気がよくなるので、南八ヶ岳の登山がおすすめです。このような雲ができているとき、北アルプス北部や上信越の山岳では八ヶ岳より天気がわるくなる一方で、南アルプスや中央アルプス、奥秩父、富士山、関東地方の山岳では天気がよくなります。

写真5　西から見た北風のときの雲（中央が麦草峠。右端が天狗岳）

天気の指標となる山　その2
～谷川岳～

谷川岳は新潟と群馬の県境に位置し、日本海と太平洋の分水嶺となっている山です。そのため、天候の変化が激しく、稜線を境にして新潟県側と群馬県側で天気がまったく異なることがあり、地形による気象の違いを学ぶのに最適な山のひとつといえるでしょう。

新潟県側から風が吹くときは、日本海からの湿った空気が入り、群馬県側から風が吹くときは、太平洋から利根川に沿って湿った空気が入ってきます。その湿った空気が上昇して冷やされると、雲ができます。谷川岳の山頂に立つと、「海側から風が吹くときに、山の天気は崩れる」という山の天気の基本を実感できます。ここで紹介する2017年10月18日の天気は、まさにそんな状況を実感できる絶好の日でした。

それでは、当日午前中の天気図を見てみましょう。日本海北部に高気圧があり、谷川連峰はその南東側で等圧線がやや混み合っています。

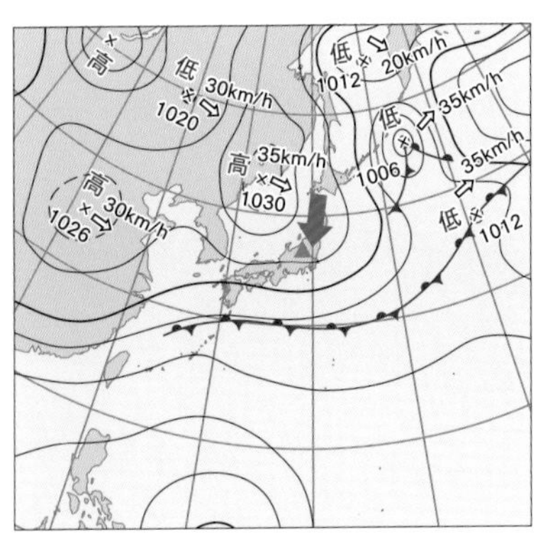

図1　10月18日9時の地上天気図

風は高気圧の周辺では、時計回りに吹きますので、谷川連峰では北寄りの風が吹いていると思われます。日本海から湿った空気が入る風向です。このため、風上側の新潟県側

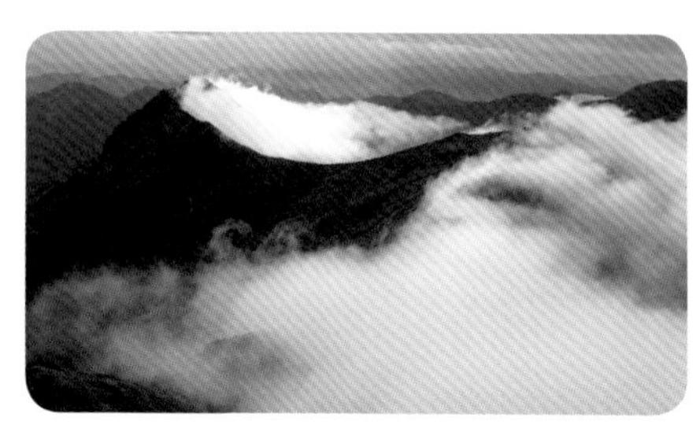

写真1
午前中、稜線を挟んで新潟県側（右）で雲が発生し、群馬県側（左）では雲が消える

写真2
夕方には湿った空気が群馬県側から流れ込み、群馬県側で暗雲が広がった

で雲が発生し、群馬県側では山越えの下降気流となり、雲が蒸発して消えていきました。（写真1）

一方、午後になると風向きが変わります。夕方の天気図を見てみましょう（図2）。

今度は高気圧の後面に入り、南東風が吹いています。このため、太平洋からの湿った空気が入りやすい形に変わり、新潟県側の雲は取れていったものの、群馬県側から雲が流れ込んできました（写真2）。

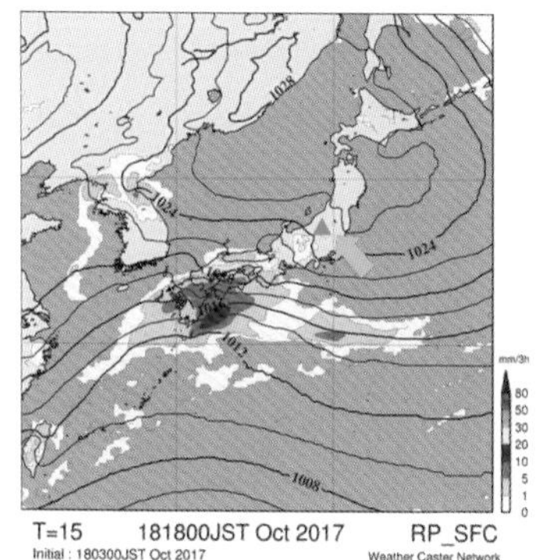

図2　10月18日18時の地上気圧＋降水予想図

高気圧の位置と天気の関係
～丹沢山塊～

丹沢は天気が変わりやすく、予想が難しい山の一つです。山の天気は「海側から風が吹くと崩れる」という原則は何度も説明してきましたが、丹沢のすぐ南には相模湾(さがみわん)、東側には太平洋、南西側には駿河湾(するがわん)と海に囲まれています。それぞれの方角から風が吹くと、海から湿った空気が入り、天気に影響します。下の図を見ると、丹沢と海との位置関係がよくわかりますね。

さて、ある年の空見ハイキングで、初日は天気がよく、翌日は山麓の天気予報がよかったにもかかわらず、実際には天気がわるくなりました。その理由を考えてみましょう。

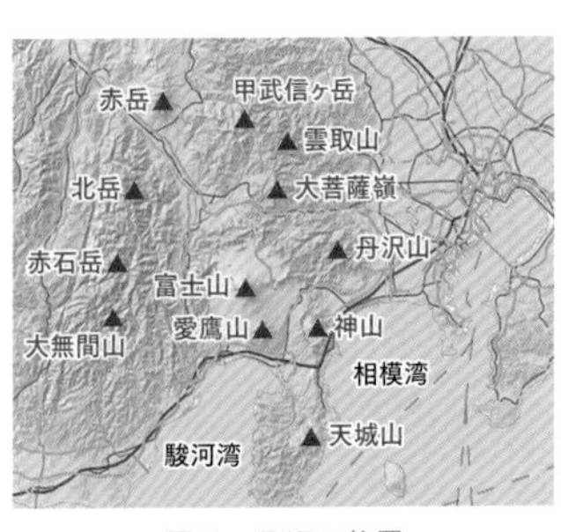

図1　丹沢の位置

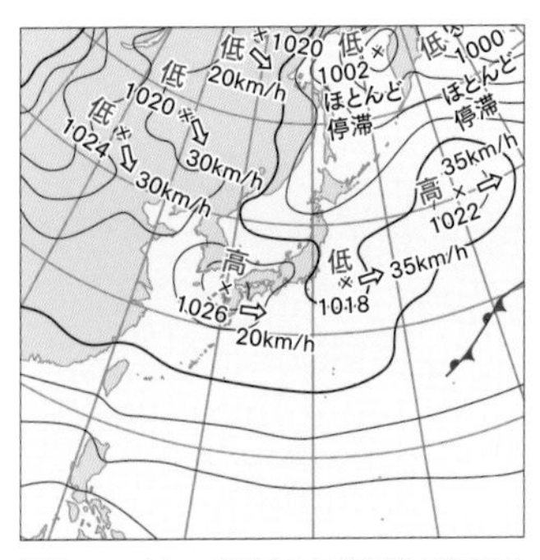

図2　ハイキング初日の午前6時の天気図

初日の天気図（図2）によると、高気圧の中心が丹沢の西側にあり、丹沢など関東地方の山岳では高気圧からの北西風が吹きます。丹沢の北西側は陸地が続いており、中部山岳の高峰が連なっています。つまり、湿った空気が入りにくい風向きです。また、高気圧の中心が近づいてきて下降流域に入るため、天気がよくなりました。空気が澄んだ冬の季節は、富士山はもちろん、南アルプスまで見渡せます。

その一方で、2日目は朝から濃い霧に包まれました。その理由を考えるため、天気図（P128図3）を見てみましょう。天気図を見たかぎりでは、丹沢付近は高気圧に覆われているように見えますが、よく見てみると、高気圧の中心は丹沢より東側にあります。丹沢の天気は高気圧との位置関係に大きく左右され、高気圧に覆われているように見えても雲に覆われることがあります。そのようなときは麓の天気予報を見ても参考になりません。高気圧と丹沢との位置関係を覚えておくと、天気の予想にとても

写真1
高気圧前面に入ったハイキング1日目の丹沢

写真2
ハイキング2日目、朝の塔ノ岳山頂

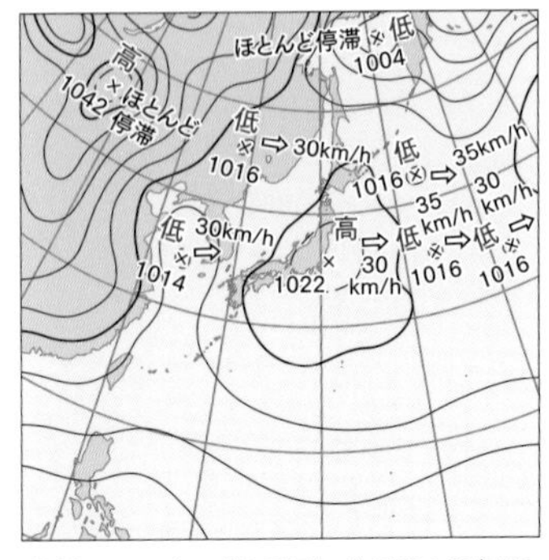

図3　ハイキング２日目午前６時の天気図

役立ちます。

今回の例では、初日は図8に該当し、西側の高気圧から中部山岳を越えて乾いた北西風が吹いたことで天気がよくなりました。2日目は図5の相模湾から湿った南風が吹き込んだことで霧に覆われたという状況になります。ただし、2日目は図6の丹沢が高気圧の中心に入り、天気はよくなると思われる人も多いでしょう。図5と図6の判断は地上の天気図では難しいことがあります。そんなときは、登山口で空を見上げてみましょう。

図4　関東地方の北に高気圧がある場合

丹沢から見て高気圧が北側にある場合、高気圧からの北東風が太平洋上を通る間に湿った空気となり、丹沢を含む関東南部で曇天となる

雲の流れを確認して、北西から南東、西から東、北から南へ動いているときは、天気がよくなる傾向があります。一方、東から西、南から北、南西から北東、南東から北西に雲が流れているときは、天気が崩れやすくなります。

登山口や開けた尾根上に出たときなどは、風の向きを雲の動きや体で感じて確認するようにしましょう。

図5　関東地方の東に高気圧がある場合

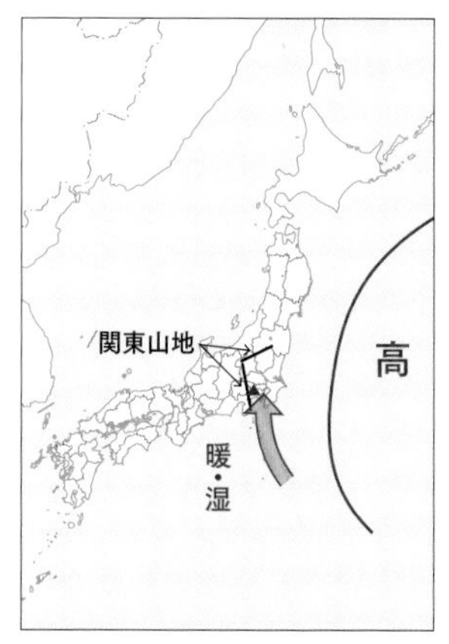

高気圧が丹沢の東側にある場合、相模湾からの湿った南風が吹きつけて丹沢は霧に覆われることが多くなる

図6　関東地方に高気圧の中心がある場合

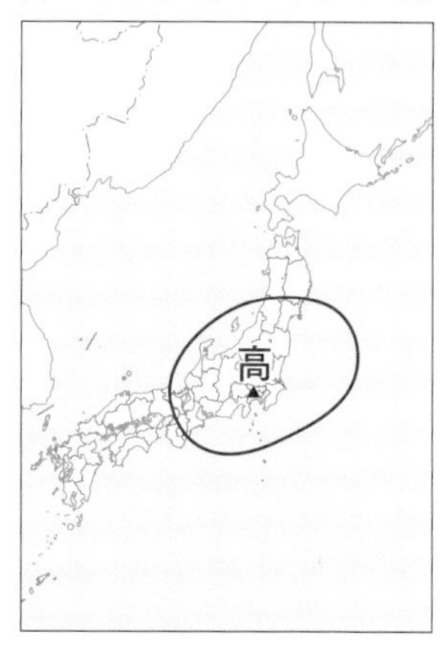

丹沢は高気圧の中心に入り、下降気流となるため、天気はよくなる

図7　関東地方の南に高気圧がある場合

高気圧からの湿った南西風が入るため、丹沢では霧に覆われ、風も強まることが多くなる。一方、関東平野では山を吹き下りる下降気流となるため、天気の崩れが小さくなることが多い

図8　関東地方の西に高気圧がある場合

高気圧からの北西風が吹き、中部山岳から吹き下ろして乾いた空気となるため、天気がよくなる

Column

珍しい波状雲「フラクタス」

「フラクタス（fluctus）」とは、ケルビン・ヘルムホルツ不安定性による波状雲のことです。出現するのは比較的珍しい雲で、通常は上空高いところに現われます。

写真1
上空高いところに現われるフラクタス

海辺に次々と押し寄せる波のような雲がフラクタスです。雲を構成している空気の中で、その密度が大きく異なったり、風速が異なったりするときにできる波が可視化されてできたものです。

写真2
海辺の波のようなフラクタス

写真2は、雲海に発生したさらに珍しいフラクタスです。雲海の一部に、波のような雲ができています。おそらく雲の下部と上部で密度の差が大きくなり、下部の底のほうでは左からの風、雲頂（雲の最上部）付近では右からの風と、上下で風の向きや速度が大きく異なっていることが原因と思われます。

3章
気象のリスクから身を守る

落雷と強雨から身を守るために　その1
～天気図から予想する方法～

2019年5月4日、丹沢・鍋割(なべわり)山で落雷により登山者1人が亡くなるという、痛ましい事故が発生しました。このような事故が二度と起こらないように、落雷や局地的な大雨から身を守る方法について紹介します。「その1」では登山前に、天気図から落雷や強雨が発生しやすい気象状況かどうかを判断する方法を解説します。P40の「天気が崩れるサインを読み取ろう」も参照していただくと理解がより深まります。

落雷や局地的な大雨は発達した入道雲（積乱雲、雷雲）によってもたらされます。これらのリスクから身を守るためには、次の2つを確認することが必要です。

❶登山前に積乱雲が発達しやすい（雲がやる気を出しやすい）気象状況かどうかを天気図から確認
❷登山中に、積乱雲が発達する兆候がないかを、雲の種類、動きや風の変化から確認

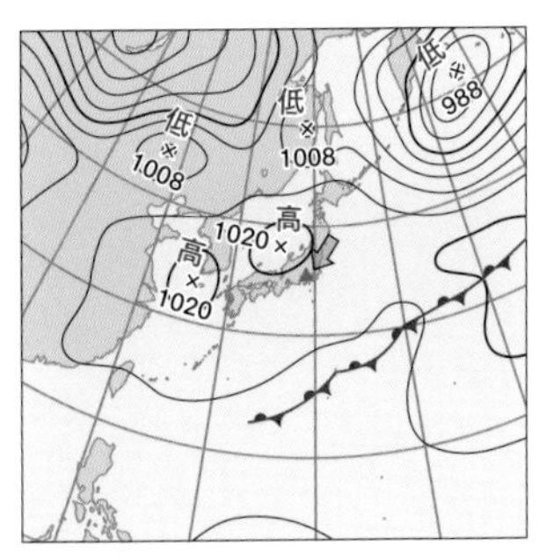

図1　5月3日に発表された4日9時の地上予想天気図

前日に予想されていた、事故当日の地上予想図（図1）を見ると、日本付近は高気圧に覆われて一見、なんの問題もないような気圧配置です。この天気図を見たら、好天になると思ってしまう人も多いでしょう。しかしながら、関東地方から見ると高気圧が北にあり、このようなとき、関東南部の山岳では高気圧から吹き出す北東の風によって、太平洋からの湿った空気が入り、ぐずついた天気になることが多くなります（P128図4参照）。それでも落雷や大雨といった激しい気象現象はこの天気図からはイメージすることはできません。

ここで、P44で解説した「雲がやる気を出す」条件を思い出してみましょう。

❶上層に強い寒気が入ってくる
❷地面付近に温かく湿った空気が入る

高気圧に覆われていることから❷は該当しないため、❶の状況かどうかを確かめましょう。それには500hPa面の気温予想図を見ていきます。この予想図は、以下のサイトなどで見ることができます。

❶北海道放送（HBC）専門天気図（無料）
http://www.hbc.co.jp/weather/pro-weather.html
❷ヤマテン会員ページ　専門・高層天気図（有料）
https://i.yamatenki.co.jp/

HBC専門天気図などの無料で見られるサイトでは、12時間ごと、または24時間ごとの天気図しか見ることができません。そのため、今回の丹沢の事故のように、昼前から天候が急変する場合など、一日の中での急激な変化は読み取ることができません。そこで、3時間ごとの予想を公開しているヤマテンの予想図を使って検証します。表1から「雲がやる気を出す（積乱雲が発達する）」5月上旬の目安は、－21℃以下ということがわかります。梅雨明け後から秋雨に入るまでの夏山の時期は、－6℃以下が目安になります。

時　期	500hPa面（高度約5500m）の気温
12月～3月	-30℃以下、特に-36℃以下
4月下旬から5月中旬 10月中旬から11月上旬	-21℃以下、特に-24℃以下
9月下旬から10月上旬	-18℃以下
6月下旬から7月上旬	-12℃以下
7月中旬から9月上旬	-6℃以下

表1　雲がやる気を出す（積乱雲が発達する）目安

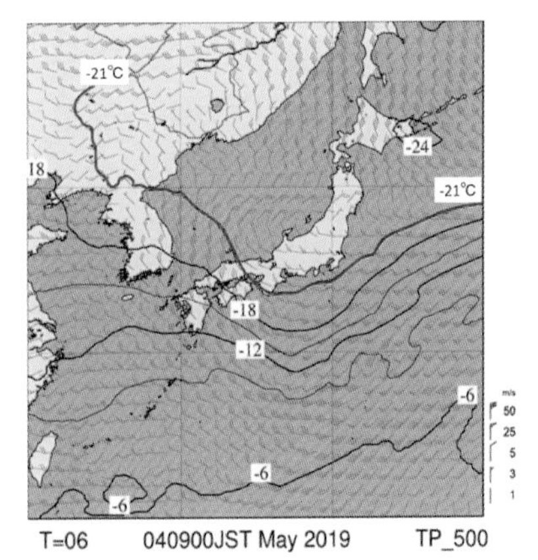

図2　500hPa面（高度約5500m）の気温予想図（3日9時発表の4日9時の予想）

落雷のリスクを避けるために

図2を見ると、丹沢は、－21℃以下の領域に入っているので、丹沢付近では雲がやる気を出しやすい状況ということがわかります。このように、前日の段階で雲がやる気を出しやすい状況、つまり雷雲が発達しやすいことが予想できるのです。平地では夕立と呼ばれるように、夕方から夜にかけて、雷雨となることが多いですが、山ではそれより早い時間に雷雨に襲われます。したがって、雲がやる気を出しやすい状況のときは、午前中には目的地に到着するか、安全な場所まで下山するような計画に変更することが大切です。また、落雷のリスクが高い尾根上や岩稜帯を歩くルート、大雨によるリスクが高い沢沿いや雪渓上のルートは避けたほうが無難です。

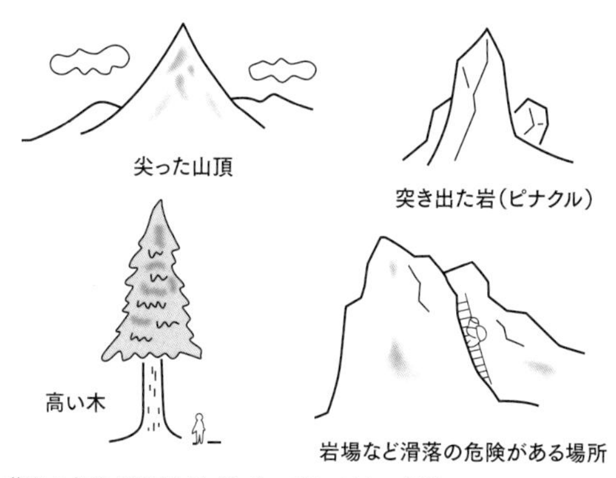

図3　落雷の危険があるときに近づいてはいけない場所

落雷と強雨から身を守るために その2
～雲と風から予想する方法～

登山前に天気図を見ることで、落雷のリスクについて認識していたとしても、なんらかのトラブルが発生して予定より大幅に時間がかかってしまったり（そのようなときは、タイムリミットを設定して途中で引き返すべきですが）、あるいは事前に天気図から予想できなかった突発的な雷雨に遭遇することもあります。

突発的な雷雨であっても、必ず前兆はあります。空を見て雲の形や動きを観察したり、風の変化やジメッとした感覚を肌で感じることで、危険な雷雨の兆候を事前に察知することができるので意識してみましょう。

危険な雷雨の９つの兆候

兆候１. 午前中早い時間から雲がやる気を出し始めている

突発的な雷雨の場合、朝のうちは晴れて風が弱いことがほとんどです。早朝は雲ひとつない青空ということもあります。そのようなときも登山口で必ず、空を見上げましょう。

写真１　朝のうちからやる気を出している入道雲

写真1のように、午前9時ごろまでに入道雲が上方へモクモクと成長しているときは要注意です。通常、晴れて風が弱い日の朝のうちは、放射冷却によって地面付近の気温は低めです。雲がやる気を出す（積乱雲が発達する）のは、地面付近と上空高いところの温度差が大きい、大気が不安定なときになります。したがって、早い時間から雲がやる気を出し始めているのは、上空に冷たい空気が入っている証拠です。このような雲が見られるとき、地面付近の気温が上昇していく日中は、大気がどんどん不安定になっていき、雲はますますやる気を出して、積乱雲に成長していきます。

兆候2．雲の高さが周囲の山をはるかに越えていく。雲の底が暗灰色になっている。

写真2　雲の底が暗くなってきたら落雷や強雨の危険サイン

写真2のように、雲の底が暗くなってきたり、雲のてっぺんが周囲の山よりはるかに高い高度に達してきたら雷雨が迫ってきている兆候です。少しでも安全な場所（具体的な場所はP142

参照）へ避難するようにしましょう。

兆候3. 雲の上部が透けていたり、毛羽立っている

写真3　雲の上部が透けている雲

雲の上部が透けているのは、氷の結晶でできているためです。雲が氷の結晶でできる高度に達したり、写真4のような頭巾雲（ずきんぐも）になると、落雷や強雨のリスクが高まります。

写真4　頭巾のような形をした頭巾雲（荒木健太郎＝写真）

兆候4. 遠くで雷の音がする

遠雷(えんらい)といって遠くで雷の音がしても、「まだ遠くだから大丈夫」と気にかけない人がいますが、実はこれは誤りです。雷の音がしたら、その雷雲を特定しましょう。カリフラワーのようにもくもくと発達した雲、底がとても暗くなっている雲が犯人です。風向きや雲の動きをチェックし、風上側にそれらの雲があったり、周囲の高い山より近くにある場合はすぐに避難しましょう。また、雨雲レーダーや雷レーダーを見てそれらの動向を確認しましょう。これらを確認すべき場所は以下のとおりです。

[携帯電話の電波が入る地点]

携帯電話の各通信会社などが公開している通信エリアマップを参考に、事前に電波が入る場所を確認しましょう。

[エスケープルートとの分岐点]

エスケープルート（安全に下山できる登山道）との分岐点で確認しましょう。雷雲が近づいてくるようだったら、エスケープルートを使って下山しましょう。

[岩場、雪渓、徒渉、沢沿い、ガレ場、尾根や稜線]

兆候5. 雲の底がもこもこと乱れてきている

雲の底が暗くなり、もこもこと乳房のような形になっていくことがあります。このような雲を乳房雲と呼びます（P73写真1）。このような特徴が見られたとき、また、写真5の左下にある、垂れ下がっているような雲が現われるときには雨が降り出す前兆です。すぐに避難を開始しましょう。

兆候6. 雨が降っている雲が接近してくる

写真6のように雲の底が暗くなった部分が現われ、また雲か

写真5　蓼科高原上空で乳房雲になりかけた雲

写真6　雨が降っている雲の接近

らレースのようなモヤッとした部分が見られる場合は雨が降っていることを示しています。これが接近してくるときは、まもなく激しい雨になります。

兆候7. 急に冷たい風が吹き始めたり、生温かい風と冷たい風が交互に吹くようになる

兆候1〜6は必ず出現するわけではなく、いきなり真上で雷雲が発達する場合があります。また、高い山では霧に覆われて周囲の雲の状況を確認できない場合もあります。そのようなときは、以下のことを確認しましょう。

[上空を見上げて霧の濃さを確認]

霧が薄く、明るければ、上空は薄い雲です。大きな心配は不要ですが、周囲で発達した雲がある場合には必ずしも安全とはいえません。また、霧が濃くて暗い場合は、積乱雲の下にいると判断してすぐに避難しましょう。

[急に冷たい風が吹きだす]

発達した雷雲の下には冷気が溜まっています。そこから風が伝わってくるときに、冷たくて強い風が吹きます。急に冷たい風を感じたら発達した積乱雲が近くにある証拠。すぐに避難しましょう。

[生温かい風が吹きだす]

冷たい風が吹いているときに、稜線の反対側から生温かい風が吹きだすときや、冷たい風と温かい風が交互に吹くときも危険です。

兆候8. ジメッとした空気を感じる

雨が降る直前は急に、ジメッとしたり、ヒヤッとした空気に変わることがあります。空気の変化に敏感になりましょう。

兆候9. 大粒の雨が降りだす(数滴でも)

雨粒の大きさが重要です。積乱雲が発達すればするほど、落ちてくる雨は大粒になり、雹（ひょう）を伴うことがあります。たとえ数滴でも大粒の雨が降りだしたら、すぐに避難しましょう。また、大粒の雨が降った後にいったん晴れてきたときも要注意。次の雷雲が接近したり、真上で発生する可能性が高いので、計画を変更し、雷雨を防げる場所へ向かいましょう。

避難すべき場所はどこ？

雷雨に襲われたときに、どこに避難するのかがわからなければ、逆に危険な場所に移動してしまう恐れがあります。登山前に必ず避難場所を決めておきましょう。

［営業小屋、避難小屋］

近くに営業小屋や避難小屋があるときは、そこに避難しましょう。ただし、軒下は厳禁。必ず小屋の中に入り、壁から離れるようにしましょう。

［窪地（くぼち）や、周囲より低いところ］

雷は高いところに落ちやすい傾向にあるため、周囲より低いところに避難しましょう。

［尾根や稜線から少しでも低いところへ下山］

尾根や稜線は雷に襲われるリスクが高いので、下山できる分岐があるならそちらへ。また、沢に下りるのは道迷いや滑落、沢の増水によるリスクがあるのでやめましょう。

［尖った岩、高い木から離れる］

雷は尖ったものに落ちやすい傾向があります。尖った岩や高い木からは4m以上、離れるようにしましょう。木の下での雨宿りはもっとも危険な行為です！

［沢、ガレた場所、崩落地から離れる］

［雪渓に入らない、雪渓上にいる場合は両岸から離れる］

（参考資料）
『雲の中では何が起こっているのか』（荒木健太郎　ベレ出版）
『雲を愛する術』（荒木健太郎　光文社新書）
『世界でいちばん素敵な雲の教室』（荒木健太郎　三才ブックス）
「空の輝き」（http://butterflyandsky.fan.coocan.jp/sky2/sky.html）

山の観天望気　雲が教えてくれる山の天気

YS056

2021年1月5日　初版第1刷発行
2024年4月15日　初版第5刷発行

著者　猪熊隆之　海保芽生
発行人　川崎深雪
発行所　株式会社 山と溪谷社
〒101-0051 東京都千代田区神田神保町1丁目105番地
https://www.yamakei.co.jp/
● 乱丁・落丁、及び内容に関するお問合せ先
山と溪谷社自動応答サービス　TEL.03-6744-1900
受付時間／11:00-16:00（土日、祝日を除く）
メールもご利用ください。
【乱丁・落丁】service@yamakei.co.jp
【内容】info@yamakei.co.jp
● 書店・取次様からのご注文先
山と溪谷社受注センター　TEL：048-458-3455
FAX：048-421-0513
● 書店・取次様からのご注文以外のお問合せ先
eigyo@yamakei.co.jp
印刷・製本　図書印刷株式会社

Printed in Japan　ISBN978-4-635-51072-1